首阳教育书系

U0721504

新时代高校计算机教学研究

郭晓宇 著

陕西师范大学出版总社 西安

图书代号　JY24N2559SY

图书在版编目（CIP）数据

新时代高校计算机教学研究 / 郭晓宇著 . -- 西安 ：
陕西师范大学出版总社有限公司，2024. 12. -- ISBN
978-7-5695-5110-5

Ⅰ. TP3-42

中国国家版本馆 CIP 数据核字第 2024A882F1 号

新时代高校计算机教学研究
XINSHIDAI GAOXIAO JISUANJI JIAOXUE YANJIU

郭晓宇　著

出 版 人	刘东风
出版统筹	杨　沁
特约编辑	张若凡
责任编辑	李少莹
责任校对	赵　倩
封面设计	知更壹点
出版发行	陕西师范大学出版总社
	（西安市长安南路 199 号　邮编　710062）
网　　址	http://www.snupg.com
印　　刷	三河市南阳印刷有限公司
开　　本	710 mm×1000 mm　　1/16
印　　张	11
字　　数	220 千
版　　次	2025 年 6 月第 1 版
印　　次	2025 年 6 月第 1 次印刷
书　　号	ISBN 978-7-5695-5110-5
定　　价	60.00 元

读者使用时若发现印装质量问题，请与本社联系、调换。

电话：（029）85308697

作者简介

郭晓宇，女，1982年生，吉林省舒兰市人。毕业于中南林业科技大学计算机与信息工程学院（现已被并入"计算机与数学学院"），硕士学位，研究方向为计算机应用，现为湖南涉外经济学院信息与机电工程学院助理研究员。主持湖南省教育厅科学研究项目"基于Hopfield多关键词爬虫的企业信息情报智能搜集技术研究"（项目编号：19C1070）；参与多个省级和国家级项目，包括计算机类专业的课程思政建设、校企协同育人、课程群建设等课题；发表学术论文2篇。

前　　言

随着信息技术的迅猛发展，计算机教育在高等教育体系中的地位日益凸显。计算机不仅成为现代社会不可或缺的工具，更是推动科技进步、经济发展的重要力量。因此，如何培养具有创新精神和实践能力的计算机专业人才，成为当前教育改革的重要课题。本书旨在深入探讨计算机教学的现状与改革，以期为提升计算机教育质量提供有益的参考和借鉴。

计算机教育应注重培养学生的创新思维和实践能力，使学生具备扎实的专业基础和广泛的知识面。同时，教育还应关注学生的个性化发展，激发学生的学习兴趣和潜能。

在第一章中，首先分析了当前计算机专业人才培养现状。随着信息化时代的到来，计算机专业人才的需求日益增长，但现有的人才培养模式仍存在一些问题，如课程设置不合理、实践教学不足、教学方法陈旧等。这些问题限制了计算机专业人才培养的质量，因此，我们迫切需要对计算机教育进行改革，以适应时代发展的需要。

在第二章中，深入探讨了计算机专业课程改革与建设。在课程体系设置与改革方面，笔者主张优化课程结构，增加实践性、创新性的课程内容，以培养学生的实际操作能力和问题解决能力。在实践教学方面，笔者强调加强校企合作，建立实训基地，让学生在真实的工作环境中得到锻炼和成长。在课程建设和教学管理方面，笔者提倡采用现代化的教学手段和管理方法，提高教学效果和管理水平。

针对当前计算机教学存在的问题，在第三章至第七章中提出了具体的改革措施和创新策略。

关于基于行业的学习训练一体化人才培养模式改革，笔者首先介绍了基于行业的学习教学法，并在此基础上展开分析了基于行业的学习训练一体化人才培养方案、基于行业的学习训练一体化人才培养方案的实施环境和条件。

在主体参与的原则与策略方面，笔者强调学生的主体地位和主体作用。通过引导学生积极参与教学活动，激发学生的学习兴趣和主动性，培养学生的自主学习能力和合作精神。这种教学方式不仅有助于提高学生的学习效果，还能培养学生的创新能力和实践能力。

在第五章中，笔者探讨了网络资源、虚拟技术、混合教学等在计算机教学中的应用。这些资源、技术、手段的运用不仅可以丰富教学内容和形式，还能提高教学效果和学生的学习兴趣。同时，我们还关注了基于就业导向的高校计算机应用技术教学、高校计算机教学中项目教学法的应用、微课教学模式在高校计算机基础教学中的应用等问题，以期为计算机教学的全面发展提供有益的参考。

本书最后，以人工智能为背景，针对计算机教学创新能力的培养进行深入探讨。提出基于"引导—探究—发展"教学模式、网络合作探究学习方式以及研究性学习等教学策略，以培养学生的创新思维和实践能力。同时，我们还探讨了人工智能如何促进计算机教学变革的问题，包括计算机教学变革的基本原理，计算机教学工具、资源与环境的更新，计算机教与学方式的转变等方面。

本书汇聚众多计算机教育领域的专家学者和实践工作者的智慧与经验，旨在为计算机教学的改革与创新提供一定的帮助，为新时代高校计算机教育教学事业贡献一份力量。

郭晓宇

2024 年 10 月

目　　录

第一章　计算机教学现状与改革

通过计算机教学改革与研究，树立先进的人才培养理念，构建具有鲜明特色的学科专业体系和灵活的人才培养模式，才能造就适合当地经济建设和社会发展的、发展全面的、能力强的计算机专业人才。

第一节　当前计算机专业人才培养现状

随着信息技术的飞速发展，计算机专业已经成为高校中备受瞩目的专业之一。我国高校开设计算机专业以来，在计算机教学方面取得了诸多成果，为我国培养了很多计算机专业人才，为经济社会发展做出了巨大贡献。然而，当前计算机专业人才培养还存在一些问题，需要我们着重关注并努力解决，具体如下。

一、专业定位和人才培养目标不明确

国内重点大学和知名院校的专业培养强调重基础、宽口径，偏重研究生教育。普通高校则受到生源质量、任课教师水平等因素的影响，要达到重点院校的人才培养目标较为困难。部分高校学生来自农村和中小城市，地域和基础教育水平的差异使得他们视野不够开阔、知识面不够宽。在这些地方的高中，一些与实践能力培养相关的课程与环节在片面追求升学率的情况下被放弃。学生一进入大学之门，又被高校引导进入以考取研究生或掌握一技之长为目的的学习之中，重蹈"应试学习"之路。过于迫切的愿望导致他们把考试成绩看得较重，而忽视了实践能力的提升。再加上高校的学术氛围、学习风气的影响，培养出来的学生基本理论、动手能力、综合素质与社会对人才要求的水平有一定的差距。总体而言，专业定位和培养目标的不明确，造成部分高校计算机专业没有形成自己的专业特色，培养出来的学生操作能力和工程实践能力相对较弱，缺乏社会竞争力。

二、培养方案和课程体系不能因地制宜

计算机专业的培养方案和课程体系除了学习和借鉴一些重点大学，还有一些是对原有计算机科学与技术专业的培养计划和课程体系进行修改得到的。无论何种方式，由于受传统的理科研究性教学思想的影响，都是从研究软件技术的视角出发制订培养方案和设计课程体系的。这些课程体系不以工程化、职业化为导向，而是偏重理论教育，特别是与软件课程相关的技能与工程实训较少。按照这样的培养方案和课程体系，一方面，软件工程专业实训内容难以细化，重理论轻实践，虽然实验开设率很高，也增加了综合性、设计性的实验内容，但是学生只是一味机械地操作，不能提高自己的思考、推理能力，从而造成了学生创新能力的不足；另一方面，课程内容陈旧、知识更新较慢，忽视针对性和热点技术，无法跟上发展迅速的业界软件技术，专业理论知识难度较大，学生很难完全掌握吸收，又学不到最新的专业技术，专业成才率较低。

生源质量、师资水平、地方经济发展程度的不同，要求高校培养人才要因地制宜，探索出真正体现高校计算机专业特色的培养方案和课程体系，从而培养出能够满足企业和社会需要的软件工程技术人才。

三、实践教学体系建设不完善

计算机专业的集中实践教学环节的硬件设施，大多按照教育部评估的要求进行了配置，实践课程也按照计划进行了开设，但是很多都是照搬一般的模式。有些高校虽然也安排学生到公司实习，但是对如何在实验教学、实训教学、产学研实践平台构建等环节进行实践教学体系的建设的考虑还不够，更谈不上如何根据专业自身的生命周期和需要进行实践教学的安排了。很多实践过程学生并没有深入地学习，只是做了一些简单的验证实验，没有深入分析问题、解决问题的过程。另外，学生实验、实践和实训都是以个人为单位的，缺少团队合作精神和情商培养，学生以自我为中心，缺乏与人沟通的能力和技巧，难以适应现代互联网企业注重团队合作的工作氛围。

四、缺少有项目实践经历的师资

高校计算机专业的师资力量相对于重点院校还是较为薄弱的。部分教师是从校门到校门的，缺少项目实践经历，没有生产一线的工作经验。另外，学校与行业企业联系不够紧密，教师难以及时了解和掌握企业的最新技术发展和体验现实

的职业岗位，致使专业实践能力不足。真正符合职业教师特点和要求的教师培训机会不多，部分教师以理论教学为主导地位的教育观念没有改变，没有培养学生超强实践能力的意识，导致在教学过程中过分强调考试成绩，实践课程的学习成了附属品。没有好的师资很难培养出优秀的软件工程人才。

五、教学考核与管理方式存在问题

高校扩招后，高校存在师资不足的问题。因此，理论课程和实践课程往往由同一名教师教授，合班课也非常普遍。为了简化考核工作，课程考核往往就以理论考试为主，对于实践能力要求高的课程，也是通过笔试考核。学习缺乏过程性评价和有效监控，业余时间多且无人管理，给学生的错觉是只要达到 60 分，只要能毕业，基本任务就完成了，而能否解决实际问题已不重要。这些问题在学生毕业设计中也较为突出，但因为学生面临找工作以及毕业设计指导管理等问题，毕业设计期间对学生工程实践能力的培养也有弱化的趋势。

第二节 计算机教育思想与教育理念

任何一项教育教学改革，都必须在一定的教育思想和先进的教育理念的指导下进行，否则教学改革就会成为无源之水、无本之木，难以深化和持续开展。

一、计算机教育思想——杜威"做中学"教育思想

约翰·杜威是美国著名的哲学家、教育家和心理学家，其实用主义的教育思想对 20 世纪东西方文化产生了巨大的影响。联合国教科文组织产学合作教席曾提出中国工程教育改革三大战略，即"做中学"、产学合作与国际化。其中，第一战略"做中学"便是由杜威首先提出的学习方法。

"教育即生活""教育即生长""教育即经验的改造"是杜威教育理论中的三个核心命题，这三个命题紧密相连，从不同侧面表明杜威对教育基本问题的看法。以此为据，他对知与行的关系进行了论述，提出了举世闻名的"做中学"原则。

（一）杜威教育思想提出的时代背景

19 世纪后半期，经过"南北战争"后的美国正处在大规模扩张和改造的时期。随着工业化进程的加快，来自世界各国的大量移民涌入美国，促进了美国资本主义经济的迅速发展。其中大多数移民受教育程度不高，在美国经济中扮演的是农

业或工矿业中廉价的非熟练工的角色。一方面，资产阶级迫切需要大量为他们创造剩余价值而又被驯服的、有较高文化程度的熟练工人。另一方面，在年轻的移民和移民后裔的心中也有着强烈的愿望——通过接受教育改变其窘迫的生活现状。此外，工业化和城镇化进程在加快美国经济发展速度的同时，也引发了一系列的社会问题，如环境恶化、贫富差距加大、城市犯罪增多、公立教育低劣和频繁的经济危机等。由此产生的轰轰烈烈的农民运动和工人运动，对美国教育改革提出了更为紧迫的要求。如何使学校教育适应工业化的进程，如何使移民及移民子女接受他们所需要的教育，按照美国的生活和思维方式来驯化他们，使之"美国化"并增强其本土文化意识，成为当时美国社会人士特别是教育界人士必须面对和思考的一个重要问题。

19世纪中期的美国社会，在学校教育领域中占据统治地位的是赫尔巴特的教育思想。赫尔巴特认为，教学是激发兴趣、形成观念、传授知识，培养性格的过程。与此相适应，他提出了教学的四个阶段，即明了、联想、系统、方法。[①]赫尔巴特教育思想的弱点就是过于机械化、流于形式，致使学校生活、课程内容和教学方法等无法适应社会发展的变化。

面对美国工业化进程引起的社会生活的一系列巨大变化，杜威进行了认真而深入的思考，主张学校的全部生活方式，从培养目标到课程内容和教学方法都需要进行改革。杜威在其《学校与社会·明日之学校》里强调："我们的社会生活正在经历着一个彻底的和根本的变化。如果我们的教育对于生活必须具有任何意义的话，那么，它就必须经历一个相应的完全的变革……这个变革已经在进行……所有这一切，都不是偶然发生的，而是出于社会发展的各种需要。"[②]以杜威为代表的实用主义教育思想的产生，是社会发展的必然趋势。

（二）杜威"做中学"提出的依据

从批判传统的学校教育出发，杜威提出了"做中学"这个基本原则，这是杜威教育思想的重要组成部分。在杜威看来，"做中学"的提出有三方面的依据。

1. "做中学"是自然的发展进程的开始

杜威在《民主主义与教育》一书中指出，人类最初的经验都是通过直接经验获得的。自然的发展进程总是从包含着"做中学"的那些情境开始的，人们最初

---

① 赫尔巴特. 教育学讲授纲要 [M]. 李其龙，译. 北京：人民教育出版社，2015.
② 杜威. 学校与社会·明日之学校 [M]. 赵祥麟，任钟印，吴志宏，译. 北京：人民教育出版社，1994.

的知识和保持得最牢固的知识，是关于怎样做的知识。他认为，在教材发展的第一阶段，学生的知识表现为聪明才力，就是做事的能力。[①] 例如，怎样走路、怎样谈话、怎样读书、怎样写字、怎样溜冰、怎样骑自行车、怎样操纵机器、怎样运算、怎样赶马、怎样售货、怎样待人接物等。"做中学"是人成长进步的开始，通过"做中学"，学生能在自身的活动中进行学习，从而开始他的自然的发展进程。只有通过这种富有成效的和创造性的运用，才能获得和牢固地掌握有价值的知识。正是通过"做中学"，学生得到了进一步成长和发展，获得了关于怎样做的知识。随着学生的成长以及对身体和环境的控制能力的增强，学生将在周围的生活中接触到更为复杂和广泛的知识。

2."做中学"是学生天然欲望的表现

杜威强调现代心理学已经指明了这样一个事实，即人的固有的本能是他学习的工具，一切本能都是通过身体表现出来的。所以抑制躯体活动的教育，就是抑制本能，因而也就是妨碍了自然的学习方法。与儿童认识发展的第一阶段特征相适应，学生生来就有天然探究的欲望，要做事，要工作。他认为一切有教育意义的活动，主要的动力都来自学生本能的、由冲动引起的兴趣。因为这种由本能支配的活动具有很强的主动性和动力性特征，学生在活动的过程中遇到困难会努力去克服，最终找到问题的解决方法。这就是说，学生是从"做中学"的。

3."做中学"是学生的真正兴趣所在

杜威认为，学生需要一种足以引发活动的刺激，他们对有助于生长和发展的活动有着真正浓厚的兴趣，而且会保持长久的注意直到将问题解决。对于学生来说，重要的和最初的知识就是做事或工作的能力。因此，他对"做中学"会产生一种真正的兴趣，并会用一切的力量和感情去从事使他感兴趣的活动。学生真正需要的就是自己去做、去探究。学生要从外界的各种束缚中解脱出来，这样他的注意力才能转向令自己感兴趣的事情和活动。更为重要的是，如果是在做一些不能真正满足学生生长和好奇心需要的事情，学生就会感到不安和烦躁。因此，要使学生在学校内保持愉快和充实，就必须使他们有一些事情做，而不要整天静坐在课桌旁。当学生需要时，就该给他活动和伸展躯体的自由，并且从早到晚都能提供真正的练习机会。这样，当听其自然时，他就不会过于激动兴奋，以致急躁或无目的地喧哗吵闹。[②]

---

① 杜威. 民主主义与教育 [M]. 王承绪，译. 北京：人民教育出版社，1990.
② 同上.

（三）杜威"做中学"的内涵

杜威认为在学校里，教学过程应该就是"做"的过程，教学应该从学生现在的生活经验出发，学生应该从自身活动出发进行学习。从"做中学"实际上也就是从"活动中学"、从"经验中学"。把学校里获得的知识与生活过程中的活动联系起来，充分体现了学与做的结合、知与行的统一。从"做中学"是比从"听中学"更好的学习方法。在传统学校的教室里，一切都是有利于"静听"的，学生很少有活动的机会和地方，这样必然会阻碍学生的自然发展。

杜威的"做"或"活动"，最简单的理解可以是"动手"。学生的双手可以看作一种通过尝试和思考来学得其用法的工具，更深一个层次的理解可以上升为与周围环境的相互作用。杜威从关系存在的视角审视人的生存状态，指出生命活动最根本的特质就是人与环境的水乳交融、相互依存。人与自然、人与环境之间存在着本然的联系以及一种契合关系，这种关系的存在是生命得以展开的自然前提。生命展开的过程是生命与环境相互维系的过程，这个过程离不开生命的"做与经受"，即经验。

传统认识论意义上的经验是指主体感受或感知等纯粹的心理性主观事件，而杜威的"经验"内涵远远超出了传统认识论的界限，包括整个生命和历史进程。这是对传统认识论经验概念的根本改造，突破了传统认识论中经验概念的封闭性、被动性，而具有主动性和创造性，向着环境和未来开放。在杜威看来，"做与经受"是生命与环境之间的互动过程，是经验的展开历程。经验不仅包括人们所从事与所承受的事，人们努力为之奋斗着的、爱着的、相信着与忍受着的东西，而且也是人们从事与承受、渴望与接受，观看、相信、想象着的方式总和，它们也是经历着的历程。[①]这就是杜威所说的"做与经受"。一方面，它表示生命有机体的承受与忍耐。另一方面，这种承受与忍耐又不完全是被动的，它是一种主动的"面对"，是一种"做"，是一种"选择"，体现着经验本身所包含的主动与被动的双重结构。杜威还强调，经验意味着生命活动，生命活动的展开置身于环境中，而且本身也是一种环境性的中介。何处有经验，何处便有生命存在；何处有生命，何处就保持有同环境之间的一种双重联系。经验乃是生命存在的基本方式，是生命在生存环境中连续不断的探求，这种探求的过程是生命的自然形态，是一种自然的学习过程。

---

① 杜威. 民主主义与教育 [M]. 王承绪，译. 北京：人民教育出版社，1990.

（四）对杜威"做中学"的辨析

1. 在"做中学"的活动中，学生的"做"并非自发的、单纯的行动

"做中学"的基本点是强调教学需要从学生已有的经验出发，通过他们的亲身体验领会书本知识，通过"做"的活动培养手脑并用的能力。其中的"做"是沟通直接经验与间接经验的一种手段，是一种面对、一种选择，学生的"做"并非盲目的。杜威指出："教育上的问题在于怎样抓住儿童的活动并予以指导。通过指导，通过有组织的使用，它们必将达到有价值的结果，而不是散漫的或听任于单纯的冲动的表现。"①在杜威领导的实验学校里，学生什么时候学习什么内容，都是经过周密的考虑并且按计划进行的，学生"做"的内容大体包括纺纱、织布、烹饪、金工、木工、园艺等，与此相平行的还有三个方面的智力活动，即历史和社会的研究、自然科学、思想交流，可见学生并非单纯自发地做。

杜威强调学生学习要从实践开始，并非要学生学习每个问题时都深入探究，更未否定学习书本知识，不仅如此，他更重视把实践经验与书本知识联系起来。被称为一门学科的知识，是从那些属于日常生活经验范围的材料中得来的，教育并非一开始就教授学生生活经验范围以外的事实和真相。在经验的范围内发现适合于学习的材料只是第一步，第二步是将已经体验到的东西逐步发展为更充实、更丰富、更有组织的形式，这是渐渐接近于提供给成人的那种教材的形式。但是没有必要坚持上述两个步骤的第一个步骤。②在杜威看来，如果学生已经有了这类的经验，在教学中就不必再让他们从"做"开始，如果仍坚持这样做，就会使人过分依赖感官的提示，丧失活动能力。

2. "做中学"并非只注重直接经验，不重视学习间接经验

杜威强调教学要从学生的经验开始，学习必须有自身的体会，但他并不忽视间接经验的作用，他对传统教育的批判不是反对传统教育本身，而是反对传统教育那种直接将系统的、分化的知识作为整个教育与课程的出发点的不当做法。杜威认为，系统知识既是经验改造的一个重要条件，又是经验改造所要达成的一个结果。无论如何，个人都应利用别人的间接经验，这样才能弥补个人经验的局限，这是教育的必要组成部分。可见，杜威认为间接经验的学习是十分重要的，是获得知识的重要源泉。他要求教材必须与学生的活动、经验相联系，并让学生通过"做"的活动领会教科书中的知识。所以，教材的编写要能反映出世界上优秀的

---

① 杜威. 民主主义与教育 [M]. 王承绪，译. 北京：人民教育出版社，1990.
② 同上.

文化知识，同时又能联系学生生活，易于被学生接受。此外，还应提供给学生作为"学校资源"和"扩大经验范围的工具"的资料性读物，这样的读物是引导学生的心灵从疑难通往发现的桥梁。

同时，杜威还认为在"做中学"的过程，除了有感性的知觉经验，也有抽象的思维过程。他认为经验不加以思考是不可能的事，有意义的经验都是含有思考的某种要素。

3. "做中学"并不否定教师的主导作用

杜威教育思想的一个非常重要的特点就是教育的一切措施要从儿童的实际出发，做到因材施教，以调动儿童学习的积极性和主动性，即"儿童中心论"。以儿童为中心就是要求教育的"一切措施"，如教学内容的安排、方法的选用、教学的组织形式、作业的分量等，都要考虑到儿童的年龄特点、个性差异、能力、兴趣和需要，要围绕儿童的这些特点去组织和安排。这个"一切措施"的组织安排者便是教师。可见，杜威对传统教育那种"以教师为中心"的批评，并不摒弃教师的指导作用。在教学过程中，关于如何发挥教师和学生的积极性的问题，杜威坚持辩证的观点，他认为教师应该是一个社会集团（儿童与青年的集团）的领导者，他的领导不因地位，而因他的渊博知识和成熟的经验。[①] 教师有权为教师，正是因为他最懂得儿童的需要与可能，从而能够计划他们的工作。在杜威的实验学校里，儿童需要得到教师更多的指导，教师的作用不是减弱了，而是更重要了。教师是教学过程的组织者，发挥教师的主导作用与"以儿童为中心"并不矛盾。

二、计算机教育理念——构思、设计、实现、运作教育理念

为了应对经济全球化形势下产业发展对创新人才的需求，"做中学"成为教育改革的战略之一。作为"做中学"战略下的一种工程教育模式，构思（Conceive）、设计（Design）、实现（Implement）、运作（Operate）教育理念（CDIO教育理念）。自 2010 年起，在以麻省理工学院（MIT）为首的几十所大学操作实施，迄今为止已取得显著成效，深受学生欢迎，得到业界高度评价。构思、设计、实现、运作教育理念对我国高等教育改革产生了深远的影响。

（一）构思、设计、实现、运作教育理念简介

构思、设计、实现、运作教育理念是基于工程项目全过程的学习，是对以课

---

① 杜威. 民主主义与教育 [M]. 王承绪，译. 北京：人民教育出版社，1990.

堂讲课为主的教学模式的革命。构思、设计、实现、运作教育理念是"做中学"原则和"基于项目的教育和学习"的集中体现。其中，构思包括顾客需求分析，技术、企业战略和规章制度设计，发展理念，技术程序的开发和商业计划的制订；设计主要包括工程计划、图纸设计以及实施方案设计等；实现特指将设计方案转化为产品的过程，包括制造、解码、测试以及设计方案的确认；运作则主要是指通过投入实施的产品对前期程序进行评估的过程，包括对系统的修订、改进和淘汰等。

构思、设计、实现、运作教育理念是在全球工程人才短缺和工程教育质量存在问题的时代背景下产生的。从 1986 年开始，美国国家科学基金会（NSF）逐年加大对工程教育研究的资助，美国国家研究委员会（NRC）、美国国家工程院（NAE）和美国工程教育学会（ASEE）纷纷展开调查和制订战略计划，积极推进工程教育改革。1993 年，欧洲国家工程联合会启动了名为欧洲工程教育认证体系（EUR-ACE）的计划，旨在成立统一的欧洲工程教育认证体系，指导欧洲的工程教育改革，以提升欧洲的竞争力。欧洲工程教育改革的方向和侧重点与美国一样：在继续保持坚实科学基础的前提下，强调加强工程实践训练，加强各种能力的培养；在内容上强调综合与集成（自然科学与人文社会科学的结合，工程与经济管理的结合）。同时，针对工程教育生源严重不足的问题，欧美各国纷纷采取补救措施，从中小学开始，提升整个社会对工程教育的重视程度。正是在此背景下，MIT 以美国工程院院士爱德华·克劳利为首的团队和瑞典皇家理工学院等三所大学从 2000 年起组成跨国研究组合，获得克努特与爱丽丝瓦伦堡基金会（KAWF）的资助，经过多年探索创立了构思、设计、实现、运作教育理念，并成立了 CDIO 国际合作组织。

在构思、设计、实现、运作教育理念和国际合作组织的推动下，越来越多的高校开始引入并实施 CDIO 工程教育模式，并取得了很好的效果。在我国，清华大学和汕头大学的实践证明，"做中学"原则和 CDIO 教育理念同样适合国内的工程教育，这样培养出来的学生，理论知识与动手实践能力兼备，团队合作和人际沟通能力得到提高，尤其受到社会和企业的欢迎。CDIO 工程教育模式符合工程人才培养的规律，代表了先进的教育方法。

（二）对构思、设计、实现、运作教育理念的解读与思考

构思、设计、实现、运作教育理念的概念性描述虽然比较完整地概括了其基本内容，但还是比较抽象、笼统。其实，最能反映 CDIO 教育理念特点的是其大

纲和标准。构思、设计、实现、运作教育理念的一个标志性成果就是课程大纲和标准的出台，这是 CDIO 工程教育的指导性文件，详细规定了 CDIO 工程教育模式的目标、内容以及具体操作程序。因此，要深刻领会 CDIO 教育理念，在实践中创造性地加以运用，最好的办法就是对 CDIO 教育理念课程大纲的目标、内容以及 CDIO 教育理念标准进行解读和深入思考。

1. 构思、设计、实现、运作教育理念课程大纲的目标

构思、设计、实现、运作教育理念课程大纲的主要目标是，建构一套能够被校友、工业界以及学术界普遍认可的，未来年轻一代工程师必备的知识、经验和价值观体系。课程大纲的目的是让工程师成为可以带领团队，成功地进行工程系统的设计、执行和运作的人，旨在创造一种新的整合性教育。该课程大纲对现代工程师必备的个体知识、人际交往能力和系统建构能力做出的详细规定，不仅可以作为新建工程类高校的办学标准，而且还能作为相关认证机构的认证标准。

2. 构思、设计、实现、运作教育理念课程大纲的内容

构思、设计、实现、运作教育理念课程大纲的内容可以概述为培养工程师的工程，明确了高等工程教育的培养目标是，未来的工程人才应该为人类生活的美好而制造出更多方便于大众的产品和系统。[①] 在对人才培养目标综合分析的基础上，结合当前工程学所涉及的知识、技能及发展前景，CDIO 教育理念课程大纲将工程毕业生的能力分为技术知识与推理能力、个人能力与职业能力和态度、人际交往能力、团队工作和交流能力，涵盖了现代工程师应具有的科学和技术知识、能力和素质。构思、设计、实现、运作教育理念课程大纲为课程体系和课程内容设计提出了具体的实施要求。

为提高可操作性，构思、设计、实现、运作教育理念课程大纲对这四个层次的能力目标进行了细化，分别建立了相应的二级指标和三级指标。其中，个人能力、职业能力和态度是成熟工程师必备的核心素质，其二级指标包括工程推理与解决问题的能力（又包括发现和表述问题的能力、建模、估计与定性分析能力等五个三级指标）、实验和发现知识的能力、系统思维的能力、个人能力和态度、职业能力和态度等。因此，学生还必须掌握相关学科的知识、核心工程基础知识、高级工程基础知识，并具备严谨的推理能力。为了能够在以团队合作为基础的环境中工作，学生还必须掌握必要的人际交往技巧，并具备良好的沟通能力。为了

---

① 傅波. 计算机专业教学改革研究 [M]. 成都：西南交通大学出版社，2018.

能够真正做到创建和运行产品／系统，学生还必须具备从企业和社会两个层面进行构思、设计、实现和运作产品／系统的能力。

构思、设计、实现、运作教育理念课程大纲实现了理论层面的知识体系、实践层面的能力体系和人际交往技能体系三种能力结构的有机结合，为工程教育提供了一个普遍适用的人才培养目标基准；同时，它又是一个开放的、不断自我完善的系统，各个院校可根据自身的实际情况对大纲进行调整，以适合社会对人才培养的各方面需求。

3. 构思、设计、实现、运作教育理念标准解读

构思、设计、实现、运作教育理念的 12 条标准是一个对教育模式实施的指引和评价系统，用来描述符合 CDIO 要求的专业培养模式。在这 12 条标准中，标准 1、标准 2、标准 3、标准 5、标准 7、标准 9、标准 11 这七项在方法论上区别于其他教育改革计划，显得较为重要；另五项反映了工程教育的最佳实践，是补充标准，丰富了 CDIO 教育理念标准的内容。

（1）标准 1：背景环境

构思、设计、实现、运作教育理念是基于 CDIO 的基本原理。它是一个可以将技术知识和其他能力的教、练、学融为一体的文化架构或环境。构思—设计—实现—运行是整个产品、过程和系统的生命周期的一个模型。

标准 1 强调的是载体及环境和知识与能力培养之间的关联，而不是具体的内容。对于这一关联原则的理解正确与否关系到实施 CDIO 的成败。构思、设计、实现、运作教育理念模式当然要通过具体的工程项目来学习和实践，但得到的结果应当是从具体工程实践中抽象出来的能力和方法。不论选取什么样的工程实践项目开展 CDIO 教学，其结果都应当都是一样的，最终都是一般方法的获得和通用能力的提高，而不是局限于该项目所涉及的具体知识，这就是"做中学"的通识性本质。也就是说，工程实践的重点在于获得通用能力和提高工程素质，而不是某一工程领域和项目中所涉及的具体知识。通识教育的关键是要培养学生的各种能力，也就是要培养学生学习、应用和创新的能力，而不仅是教授传统意义上的基础学科理论及相关知识。工程教育要培养满足产业需要的具有通用能力和全面素质的工程人才，其教学必须面向和结合工程实践。

（2）标准 2：学习成果

学习成果就是学生经过培养后所获得的知识、能力和态度。构思、设计、实现、运作教育理念教学大纲中的目标，详细规定了学生毕业时应学到的知识和应

具备的能力。除了技术学科知识的要求，也详列了个人能力、人际交往能力，以及产品、过程和系统建造能力的要求。其中，个人能力的要求侧重学生个人的认知和情感发展；人际交往能力的要求侧重个人与群体的互动，如团队工作、领导及沟通；产品、过程和系统建造能力的要求则考查学生在企业、商业和社会环境下的关于产品、过程和系统的构思、设计、实现与运行能力。设置具体的学习成果有助于确保学生获得未来发展的基础，学习成果的内容要通过主要利益相关者和组织的审查和认定。因此，构思、设计、实现、运作教育理念从产业的需求出发，在教学大纲的设计与培养目标的确定上，与产业对学生素质和能力的要求逐项挂钩；否则，教学大纲的设计将脱离产业界的需要，无法保障学生获得应有的知识、技能和能力。

（3）标准3：一体化课程计划

标准3要求形成和发展课程之间的关联，使专业目标得到多门课程的支持。这个课程计划不仅让学生学到各种学科知识，而且还能让学生在学习的过程中获取个人能力、人际交往能力，以及产品、过程和系统建造的能力（标准2）。以往各门课程都按学科内容各自独立，彼此很少关联，这并不符合CDIO一体化课程计划的标准。要按照工程项目全生命周期的要求组织教、学、做，就必须突出课程之间的关联性，围绕专业目标进行系统设计，当各学科内容和学习成果之间有明确的关联时，就可以认为学科间是相互支持的。一体化课程的设置要求，必须打破教师之间、课程之间的壁垒，改变传统各自为政的做法，在一体化课程计划的设计上发挥积极作用，在各自的学科领域内建立本学科同其他学科的联系，并为学生创造获取具体能力的机会。

（4）标准4：工程导论

工程导论通常是最早的必修课程中的一门课程，它为学生提供产品、过程和系统建造中工程实践所需的框架，并且引出必要的个人能力和人际交往能力，大致指出一个工程师的任务和职责以及如何应用学科知识来完成这些任务、履行这些职责。工程导论的目的是通过相关核心工程学科的应用来激发学生的兴趣，为学生实现构思、设计、实现、运作教育理念课程大纲要求的主要能力的发展提供推动力。

（5）标准5：设计实现的经验

设计实现的经验是指以新产品和系统开发为中心的一系列工程活动。设计实现的经验按规模、复杂程度和培养顺序划分，可分为初级和高级两个层次，其结构和顺序是经过精心设计的，以构思—设计—实现—运作为主线，规模、复杂度逐步递增，这些都要成为课程的一部分。因此，与课外科技活动不同，这一系列的工程活动要求每个学生都必须参加，而不像兴趣小组以自愿为原则。通过设计的项目活动，能够深化学生对产品、过程和系统开发的了解，使其更深入地理解学科知识。

当然，活动的项目最好来自产业第一线。因为来自一线的项目包含更多的实际信息，如管理、市场、顾客沟通和服务、成本、融资、团队合作等，这些是企业真正需要解决的问题，可以让学生在知识水平和能力得到提高的同时，也能提升技术之外的素质。校企合作实施构思、设计、实现、运作教育理念和教学模式，必须开发和利用足够多的项目，才能保证大量学生的学习和训练。因此，除了需要学生亲身参与的实践项目，也可以选择一些企业做过的项目、学生自选的有意义的项目、有社会和市场价值的项目等来设计一系列的工程活动，让学生在"做中学"。

（6）标准 6：工程实践场所

工程实践场所即学习环境，包括教室、演讲厅、研讨室、实践和实验场所等。在工程实践场所，学生不仅可以自己动手学习，还可以相互学习、进行团队协作。新的实践场所的创建或现有实验室的改造，应该以具有这一首要功能为目标，场所的大小则取决于专业规模和学校资源。

（7）标准 7：一体化学习经验

标准 2 和标准 3 分别描述了学习成果和课程计划，这些必须有一套充分利用学生学习时间的教学方法才能实现。一体化学习经验就是这样一种教学方法，它旨在通过集成化的教学过程，在培养学生学习学科知识能力的同时，也培养他们的个人能力、人际交往能力，以及产品、过程和系统建造的能力。这种教学方法要求把工程实践问题和学科问题相结合，而不是像传统做法那样把两者完全分开或者没有构建实质性的关联。例如，在同一个项目中，应该把产品的分析、设计，以及设计者的社会责任融入练习中同时进行。

这种教学方法要求在规定的时间内达到双重培养目标：获得知识和培养能力。更进一步的要求是教师既能传授专业知识，又能传授个人的工程经验，培养学生的工程素质、团队工作能力、设计产品和系统的能力，使学生将教师作为职业工程师的榜样。这种教学方法可以更有效地帮助学生把学科知识应用到工程实践中，为达到职业工程师的要求做好充分的准备。

集成化的教学过程要求知识的传递和能力的培养都要在教学实践中体现，在有限的学制时间内处理好知识量和工程能力之间的关系。"做中学"战略下的构思、设计、实现、运作教育理念以"项目"为主线来组织课程，以"用"导"学"，在集成化的教学过程中突出项目训练的完整性，使学生在完成项目的过程中学习必要的知识，知识以必须、够用为度，强调培养自学能力和应用所学知识解决问题的能力。

（8）标准8：主动学习

该标准是指基于主动学习方法的教与学。主动学习方法就是让学生致力于思考和解决问题，教学重点不在于被动信息的传递，而是让学生更多地运用、分析和判断概念。例如，在一些以讲授为主的课程中，主动学习可包括合作和小组讨论、讲解、辩论、概念提问以及学习反馈等。当学生模仿工程实践进行设计、实现、仿真、案例研究时，即可看作经验学习。当学生被要求对新概念进行思考并必须做出明确回答时，教师可以帮助学生理解一些重要概念的关联，让他们认识到该学什么、如何学，以及如何能灵活地将这个知识应用到其他条件下。这个过程有助于提升学生的学习能力，并养成终身学习的习惯。

（9）标准9：提高教师的工程实践能力

这一标准提出，一个构思、设计、实现、运作教育理念下的专业应该采取专门的措施，提高教师的个人能力、人际交往能力，以及产品、过程和系统建造的能力，并且最好是在工程实践背景下提高这种能力。当前高校师资的不足是部分教师虽然专业知识扎实，科研能力也很强，但实际工程经验和商业应用经验比较缺乏。当今技术创新的步伐加快，需要教师不断提高自己的工程实践能力，这样才能够为学生提供更多的案例，更好地指导学生的学习与实践。

提高教师的工程实践能力，可以通过如下几个途径进行：①校企合作，开展科研和教学项目合作；②把工程经验作为聘用和晋升教师的条件；③在学校内引入适当的专业开发活动。

教师工程实践能力的达标与否是实施构思、设计、实现、运作教育理念成败的关键，提高教师工程实践能力最为有效的途径是采用"走出去，请进来"校企合作模式。一方面，高校教师要到企业中接受工程训练、积累实际工作经验；另一方面，学校要聘请有丰富工程实践经验的工程师兼职任教，使学生真正接触到当代工程师的榜样，获得真实的工程实践经验和能力。

（10）标准10：提高教师的教学能力

这一标准提出，高校要有相应的教师进修计划和服务，采取行动，支持教师在一体化学习经验（标准7）、主动学习（标准8）等方面的能力得到提高。既然构思、设计、实现、运作教育理念强调教学、学习和考核的重要性，就必须提供足够的资源使教师在这些方面得到发展，如支持教师参与校内外师资交流计划，构建教师之间交流实践经验的平台，强调效果评估和引进有效的教学方法等。

（11）标准11：学生考核

学生考核是指对每个学生取得的具体学习成果进行考量。学习成果包括学科知识，个人能力，人际交往能力，产品、过程和系统建造能力等内容。这一标准要求构思、设计、实现、运作教育理念的评价侧重对能力培养的考查。考核方法多种多样，包括笔试和口试，观察学生表现，评定量表，学生的总结回顾、日记、作业卷案、互评和自评等。针对不同的学习成果，要配合相适应的考核方法，才能保证能力评价过程的合理性和真实性。例如，与学科专业知识相关的学习成果评价可以通过笔试和口试来进行，与设计、实现相关的能力的学习成果评价最好通过实际观察记录来考查。采用多种考核方法以适合更广泛的学习风格，并增强考核数据的可靠性和有效性，对学生学习效果的判定具有更高的可信度。

另外，除了考核方法要求是多样的，评价者也应是多样的，不仅要来自学校教师和学生群体，也要来自产业界，因为学生的实践项目多从产业界获得。对于学生实践能力的评价，产业工程师拥有最大的发言权。

CDIO模式是能力本位的培养模式，本质上有别于知识本位的培养模式，其重点在于帮助学生获得产业界所需要的各种能力和素质。因此，如果仍然沿用知识本位的评价方法和准则，基于构思、设计、实现、运作教育理念人才培养的教学改革就难免受到一些人的抨击，难以持续开展下去。因此，对各种能力和素质要给予客观准确的衡量，必须有新的评价标准和方法，改变观念以适应构思、设计、实现、运作教育理念这种新的教育模式。

（12）标准12：专业评估

专业评估是对构思、设计、实现、运作教育理念的实施进展和是否达到既定目标的一个总体判断，以继续改进为目的，向学生、教师和其他利益相关者提供反馈。专业评估的依据包括教师总结、新生和毕业生访谈、外部评审报告、对毕业生和雇主的跟进研究等，评估的过程也是信息反馈的过程，是持续改善计划的基础。

构思、设计、实现、运作教育理念的培养目标是符合国际标准的工程师，他们除了应具备基本的专业素质和能力，还应具有国际视野，了解多元文化并有良好的沟通能力，能在不同地域与不同文化背景的同事共事。因此，联合国教科文组织产学合作教席提出了"做中学"、产学合作、国际化三个工程教育改革的战略，构思、设计、实现、运作教育理念作为"做中学"战略下一种新的教育模式，很好地融汇了这三个战略的思想，虽然还有一些的理论和实践问题需要研究，但是在工程教育改革中已经显示出了强大的生命力。

第三节　计算机教学改革与研究的方向

当前高校计算机人才的培养目标、培养模式、课程体系、教学方法、评价方式等无法很好地适应业界的实际需求，因此专业教学改革势在必行。通过深入学习和领会杜威的"做中学"教育思想和构思、设计、实现、运作教育理念的先进做法，借鉴国际、国内各大高校的教学改革实践经验，结合自身实际情况，我们确定了以下几个教学改革与研究的方向。

一、适应市场需求，调整专业定位和培养目标

构思、设计、实现、运作教育理念的课程大纲与标准，对现代计算机人才必备的个人能力、人际交往能力，以及产品、过程和系统建造的能力做出了详细规定，为计算机专业教育提供了一个普遍适用的人才培养目标基准，需要强调的是，这只是一个普遍的标准，是最基本的能力和素质要求。构思、设计、实现、运作教育理念模式是一个开放的系统，其本身就是通过不断的实践研究总结出来的，并非一成不变。例如，麻省理工学院等世界一流名校的培养目标是世界顶尖的工程人才，国内如清华大学等高校的培养目标也是顶尖工程人才。但社会需求是多样化的，既需要精英化的工程人才，也需要大众化的工程人才。高校应根据社会多样化的需求，结合本地的经济发展情况以及学校自身的办学条件、生源特点，明确自己的专业定位和培养目标，只有专业定位和培养目标准确了，后面的教育教学改革才不会偏离方向，才能取得更好的成效。

二、修订专业培养计划，改革课程设置，更新教学内容

专业培养计划是人才培养的总体设计和实施蓝图，它根据人才培养目标和培养规格，规定了明确的知识结构和能力要求，设置了专业要求的课程体系，是专业教育改革的核心，对提高教育质量、培养合格人才有着举足轻重的作用。

近年来，软件工程的飞速发展使软件工程理论和技术不断更新，高校培养计划和课程体系难以适应这种变化，因此高校人才培养方案的制订和调整必须把业界对人才培养的需求作为重要依据，分析研究市场对软件人才的层次结构、就业

去向、能力与素质等的具体要求，以及经济全球化和市场化所导致的人才需求走向变化等。要以能力要求为出发点，以必须、够用为度，并兼顾一定的发展潜能，合理确定知识结构，面向学科发展、市场需求、社会实践制订专业培养计划。

课程设置必须紧跟时代步伐，教学内容要能反映出软件开发技术的现状和未来发展的方向。部分高校计算机专业的课程设置只重基础和理论，不能体现出应用型技术人才培养的特点。因此，作为相关专业的教师，必须及时了解最新的技术发展动态，把握企业的实际需求，获取新的知识，做到应开设什么课程、不应开设什么课程心中有数，对教材的选用应以学用结合为着眼点，根据实际需要进行选择。对于原培养计划中不再适应业界发展要求的课程要坚决删除，对于一些新思维、新技术、新运用的内容，要联合业界加大课程开发力度，不断地更新、完善课程体系。在构思、设计、实现、运作教育理念理论框架下完善高校计算机专业培养计划的内容，合理分配基础科学知识、核心工程基础知识和高级工程基础知识的比重，设计出每门课程具体可操作的项目，培养学生的各种能力。对于培养计划和课程设置，必须深入展开研究和探讨。

需要注意的是，在强调工程能力重要性的同时，构思、设计、实现、运作教育理念并没有忽视知识的基础性和深度要求。构思、设计、实现、运作教育理念课程大纲所列的培养目标既包括专业基础理论，也包括实践操作能力；既包括个体知识、经验和价值观体系，也包括团队合作意识与沟通能力，体现出典型的通识教育价值理念。此外，应用型技术人才还应当有广阔的国际视野。通识教育是学生职业生涯发展的基础，专业教育是学生职场竞争力的根本保证。

三、改进教学方法，创建"教师主导与学生主体"的教学模式

传统的课堂教学以教师为中心，以教材讲授为主，学生只是被动接受知识，削弱了学生学习的自主性和创造性。基于对杜威"做中学"教育思想的理解，传统的教学方法必须改变，师生关系必须重新构建。

在"做中学"教育思想指导下的构思、设计、实现、运作教育理念，强调的是教学应该从学生的现有生活经验出发，在自身活动中进行学习，教学过程应该就是"做"的过程。教育的一切措施要从学生的实际出发，做到因材施教，以调动学生学习的积极性和主动性，即以学生为中心。

构思、设计、实现、运作教育理念是基于工程项目全过程的理念，这个全过程要围绕学生的学展开，为学生创建主动学习的情境，促进主动学习的产生。在发挥学生主动性的同时，也不能否定教师的指导作用。

以学生为中心的"做中学"，是学生天然欲望的表现和真正兴趣所在，符合个体认知发展的规律，有利于构建和谐民主的师生关系，更能促进学习的发生。如何把这种教育理念转换为教育实践，关键是对两个问题的理解，一是如何诠释"以学生为中心"，二是如何解释"教学民主"。

以学生为中心不能泛泛而谈，这样不利于深入认识，也不利于实际操作，需要进一步明确以学生的什么为中心。杜威的以学生为中心，具体地讲是以学生的需要，特别是根本需要为中心，对大学生来说，他们的根本需要在于学习知识，提高能力和素质。以学生的根本需要为中心，那么"中心"二字又如何理解？从传统的以教师为中心到以学生为中心，高等教育的思想观念发生了重大变化，但是这个"中心"概念的转换常常引发一些操作上的误区。教学过程从教师"一统天下"，变为"一盘散沙"，"做中学"又饱受一些人的诟病，实际上，这是对杜威教育思想认识不到位的缘故。"中心"关系的确立是教学过程中师生关系的重新确定，涉及另外一个概念——教学民主。

表面上看，教学民主无非是师生平等，是政治民主的教学化。事实上，教学民主的真正核心在于学术民主，而不是教学过程中师生之间的社会学含义的民主，民主在教学中的具体指向就是学术。师生之间在学术地位上存在着天然的不平等，因此在教学过程中的学术民主强调的是一种学术民主氛围的构建。

传统课堂上，教师不仅是教学过程的控制者、教学活动的组织者、教学内容的制订者和学生学习成绩的评判者，而且是绝对的权威，这种师生关系较难形成教学民主的气氛。因此，教师要进行角色转换，从课堂的传授者转变为学生学习的促进者，由课堂的管理者转变为学习的引导者，由居高临下的权威转向"平等中的首席"专家。这样一种教学民主氛围既有利于发挥教师的主导作用，又能充分发挥学生的主体作用。这就是"教师主导与学生主体"的教学模式。

四、改革教学实践模式，注重实践能力的培养

构思、设计、实现、运作教育理念的实践就是"做中学"，而关于"做"什么才能让学生学到知识，获得能力的提升，这就需要改革教学实践模式，优化整合实践课程体系。

实践是整个教学体系中一个非常重要的环节，是理论知识向实践能力转换的重要桥梁。以往的实践课程体系也说明了实践的重要性，但由于没有明确的改革指导思想，实践教学安排往往不能落实到位，大多数停留在验证性的层次上，与构思、设计、实现、运作教育理念的标准要求相差较远。切实有效的实践教学体

系应根据构思、设计、实现、运作教育理念，将实践环节与计算机专业的整个生命周期紧密结合起来，参考构思、设计、实现、运作教育理念课程大纲的内容，以培养能力为主线，把各个实践教学环节，如实验、实习、实训、课程设计、毕业设计（论文）、大学生科技创新、社会实践等，通过合理的配置，以项目为载体，将实践教学的内容、目标、任务具体化。在实际操作的过程中，可将案例项目进行分解，按照通识教育、专业理论认知、专业操作技能和技术适应能力四个层次，由简单到复杂、由验证到应用、由单一到综合、由一般到提高、由提高到创新，循序渐进地安排实践教学内容。合理配置、优化整合实践教学体系是一个复杂的过程，需要在实践中不断地探索，这也是高校计算机专业教育教学改革的重点和难点。

五、转变考核方式，改革考试内容，建立新的评价体系

专业教育教学改革的宗旨是培养综合素质高、适应能力强的业界需求人才。构思、设计、实现、运作教育理念对能力结构的四个层次进行了详细的划分，涵盖了现代工程师应具备的科学和技术知识、能力和素质，所以主张不同的能力用不同的方式进行考核。针对不同类别的课程，应结合构思、设计、实现、运作教育理念，设计考核与评价模型，采用多样化的考核方式，来实现对学生自学能力、交流能力、解决问题能力、团队合作能力和创新能力等的考核与评价。这些考核方式和评价模型的科学性、合理性是专业教育教学改革需要深入研究的一个方向。

考试内容是学生学习的导向，不能让学生出现重理论、轻实践或重实践、轻理论的两极倾向。因此，在考试内容上，不仅要有考核课程的基本理论、基本知识、基本技能，还要有对学生发现问题、分析问题、解决问题的综合能力和综合素质的考核；在考试形式上，可以采取多种多样的方式进行，一切以能全面衡量学生知识掌握情况和能力水平为基准，使学生个性、特长和潜能有更大的发挥余地。例如，除了有理论考试，也要有实践型的机试，还可以将学生提交的作品作为考核依据，建立以创造性能力考核为主，常规测试和实际应用能力与专业技术测试相结合的评价体系，促进学生创新能力的发展。

考核作为学生专业学习的终端检测，从某种意义上讲比教什么内容更为重要，因此一定要把握考核质量关，不能让一些考核方式流于形式，影响学风建设。多年来，专业课教学大多数由任课教师自己出题自己考核，内容和方式有较大的随意性，教学效果的好坏自己评说，因此教学质量的高低很大程度上取决于教师

的责任心水平。因此，如何建立一套课程考核与评价的监督机制又是一个值得深入思考的问题。

第四节 计算机教学改革研究策略与措施

杜威的"做中学"教育思想为计算机教学改革解决了一个方法论的问题，在这个方法论基础上的构思、设计、实现、运作教育理念为计算机教学改革的目标、内容以及操作程序提供了切实可行的指导意见。在推进计算机教学改革的研究过程中，我们解放思想，根据实际情况，制定和落实各项政策和措施，为取得改革成效提供了一个根本保障。基于构思、设计、实现、运作教育理念的高校计算机教学改革研究，是我们对各项教学工作进行梳理、反思和改进的一个过程。

一、更新教育理念，坚定办学特色

所有成功的改革都是从理念革新开始的，人才培养模式的改革和实践是教育思想和教育观念深刻变革的结果。经过组织学习，每一个参与者都要准确把握教学改革所依据的教育思想和理念，明确改革的目的和方向，坚定信念，这样才保证改革持续深入地开展。

构思、设计、实现、运作教育理念强调密切联系产业，培养学生的综合能力。要达到培养目标最有效的途径就是"做中学"，即基于项目的学习，在这种学习方式中，学生是学习的主体，教师是学习情境的构造者，是学习的组织者、促进者，并作为学习伙伴随时为学生提供帮助。教学组织和策略都发生了很大的变化，要求教师有更高的专业知识水平和丰富的工程经验。构思、设计、实现、运作教育理念不仅强调工程能力的培养，而且同样重视通识教育。"做中学"的"做"并非放任自流，而是需要更有效的设计与指导，强调"做中学"，并不忽视"经验"的学习，也就是要处理好专业与基础、理论与实践的关系。只有清楚地认识到这些，教学改革才不会偏离既定的轨道。

随着我国高等教育大众化的发展，各类高等教育机构要形成明确、合理的功能层次分工。地方高校应回归工程教育，坚持为地方经济服务，培养高级应用技术人才，在"培养什么样的人"和"怎样培养人"的问题上写出好文章，办出特色。

二、完善教学条件，创造良好育人环境

在教学过程中，结合创新人才培养体系的有关要求，紧密结合学科特点，不断完善教学条件，创造良好育人环境。

第一，重视教学基础设施的建设。多年来，通过合理规划，学校投入大量资金新建实验室和更新实验设备、建设专用多媒体教室和学院专用资料室。只有实验设备数量充足，教学基础设施齐全，才能满足教学和人才培养的需要。

第二，加强教学软环境建设。在现有专业实验教学条件的基础上，加大案例开发力度，引进真实项目案例，建立实践教学项目库，搭建课程群实践教学环境。

第三，扩展实训基地建设范围和规模，办好"校内""校外"实训基地，搭建大实训体系，形成教学、实习、校内实训、企业实训相结合的实践教学体系。

第四，加强校企合作，多方争取建立联合实验室，促进业界先进技术在教学中发挥作用，促进科研对教学的推动作用。

三、建立课程负责人制度，全方位推进课程建设和教材建设

本着夯实基础、强化应用、基于项目化教学的原则，根据培养目标要求，在构思、设计、实现、运作教育理念大纲的指导下，以学生个性化发展为核心、未来职业需求为导向，全方位推进课程建设和教材建设。针对计算机专业所需的基础理论和基本工程应用能力，根据前沿性和时代性的要求，构建统一的公共基础课程和专业基础课程，建设计算机专业学生必须具备的基础知识结构，为专业方向课程模块提供有效支撑，为学生后续学习各专业方向打下扎实的基础。

教材内容要紧扣专业应用的需求，改变"旧、多、深"的状况，贯穿"新、精、少"的原则，在编排上要有利于学生自主学习，着重培养学生的学习能力。一些院校为发挥教学团队的师资优势，启动了课程建设负责人项目，对课程建设的具体内容、规范做出了明确要求，明确了课程建设的职责和经费投入。这些有益经验值得我们借鉴和学习。

四、加强教学研讨和教学管理，突出教法研究

教育教学改革各项政策与措施最终的落脚点落在常规的课堂教学上，因此，加强教学研讨和教学管理，是解决教学问题、保证教学质量的根本途径。

定期召开教学研讨会，组织全体教师讨论确定课程教学要点，研究教学方法，针对教学中存在的突出问题，集思广益、努力解决。对于新开设的课程，学

校在开学之初必须面向全体教师做教学方案的介绍，大家共同探讨、共同提高。教学研讨围绕教材和教学内容的选择、教学组织策略的制订等而展开，突出教法研究。

加强教学管理和制度建设，逐步完善学校、学院、教研室三级教学管理体系，并建立教学过程控制与反馈机制。学校以国家和教育部相关法律、法规为依据，针对教师培训制度、教学管理制度、教学质量检查与评价制度、学生学籍管理制度以及学位评定制度等编写了一系列文件，并针对教学管理中出现的新情况、新问题，对教学管理相关文件及时进行修订、完善和补充。教研室主任则具体负责每一门的落实情况，贯彻落实各项规章制度。教学督导组常规的教学检查、每学期都要进行的教学期中检查、学生评教活动等有效地保证了教学过程的控制，使教师能及时获取教学反馈，以便做出实时调整和改进。这些制度和措施有效地保证了教学秩序以及教学工作的正常开展和教学质量的提高。

五、加强教师实践能力培养，提高教师专业素质

要实现培养高质量计算机专业应用型人才的目标，应该以现任专业教师为基础，建立一支素质优良、结构合理的"双师型"师资队伍。除了不拘一格引进或聘用具有丰富工程经验的"双师型"教师，还可以采取有力措施，组织教师参加各类师资培训、学术交流活动，努力提高师资队伍的业务水平和工程能力，不断拓展计算机专业知识，提高专业素养。鼓励教师积极关注学校发展过程中与计算机相关的项目，积极争取学校支持，尽可能把这些与计算机相关的项目放在学校内部立项、实施。这些可以为教师和学生提供实践的机会，降低计算机软件开发成本，方便计算机软件的维护。

另外，还要有计划地安排教师到计算机软件企业实践，了解行业管理知识和新技术发展动态，积累软件开发经验，努力打造"双师型"教师队伍。教师将最新的计算机软件技术和职业技能传授给学生，指导学生进行实践，才能培养学生的实践创新能力。

六、深度开展校企合作，规范完善实训工作的各项规章制度

近年来，一些高校积极开展产学合作、校企合作，充分发挥企业在人才培养上的优势，共同培养合格的计算机应用型技术人才。高校应根据企业需求调整教学内容，引进教学资源，改革课程模块，使用案例化教材，开展针对性人才培养；企业共同参与制订实践培养方案，提供典型应用案例，选派具有软件开发经验的

工程师指导实践项目；由企业工程师开设职业素养课，帮助学生了解行业动态，拓宽专业视野，提高职业素养，树立正确的学习观和就业观；与企业共建实习基地，让学生感受企业文化，使学生把所学的知识与生产实践相结合，获得工作经验，完成从学生到员工的角色过渡。

在与企业进行深度合作的过程中，预想到和未预想到的事情都会发生，为保证实训质量，一些高校特别成立了软件实训中心，专门负责组织和开展实训工作，制订、规范和完善各项实训工作的规章制度及文档，如"软件工程实训方案""学院实训项目合作协议""软件工程专业应急预案""毕业设计格式规范"等，并且对巡查情况汇报、各种工作记录登记表等做了详细规范要求。这些制度和要求的出台为校企合作、深入开展实训工作、保证实训效果、培养工程型高素质人才起到了保驾护航的作用。

第二章　计算机专业课程改革与建设

第一节　课程体系设置与改革

一、课程体系的设置

课程体系的设置科学与否，决定着人才培养目标能否实现。如何根据经济社会发展和人才市场对各专业人才的要求，科学合理地调整各专业的课程设置和教学内容，建构一个新型的课程体系，一直是我们努力探索、积极实践的核心。各高校计算机专业将课程体系的基本取向定位为强化学生的实践应用能力。某高等院校借鉴国内外院校课程体系的优点，重新设计优化了计算机专业的课程体系。

计算机专业的课程设置体现了能力本位的思想，体现了以职业素质为核心的全面素质教育培养，并贯穿教育教学的全过程。教学体系充分反映职业岗位资格要求，以应用为主旨和特征构建教学内容和课程体系；基础理论教学以应用为目的，以"必须、够用"为度，加大实践教学的力度，使全部专业课程的实验课时数在该课程总时数的30%以上；专业课程教学加强针对性和实用性，教学内容组织与安排融知识传授、能力培养、素质教育于一体，针对专业培养目标，进行必要的课程整合。

（一）按照初级课程、中级课程和高级课程部署核心课程

初级课程符合系统平台认知、程序设计、问题求解、软件工程基础方法、职业社会、交流组织等教学要求，由计算机科学导论、高级语言程序设计、面向对象程序设计、软件工程导论、离散数学、数据结构与算法等六门课程组成。中级课程解决计算机系统问题，由计算机组成原理与系统结构、操作系统、计算机网络、数据库系统等四门课程组成。高级课程解决软件工程的高级应用问题，

由软件改造、软件系统设计与体系结构、软件需求工程、软件测试与质量、软件过程与管理、人机交互的软件工程方法、统计与经验方法等内容组成。

（二）以软件工程基本方法为主线改造计算机科学传统课程

①将包括数字电路、计算机组成、汇编语言、编译、顺序程序设计在内的基本知识重新组合，以 C 语言或 C++ 语言为载体，以软件工程思想为指导，设置专业基础课程。②把面向对象方法与程序设计、软件工程基础知识、职业与社会、团队工作、实践等知识融合，统一设计软件工程及其实践类的课程体系。

（三）改造计算机科学传统课程以适应软件工程专业教学需要

除离散数学、数据结构与算法、数据库系统等少量课程之外，对其他课程进行了如下改革。①更新传统课程的教学内容，具体来说：精简操作系统、计算机网络等课程原有教学内容，补充系统、平台和工具；以软件工程方法为主线改造人机交互课程；强调统计知识改造概率统计为统计与经验方法。②在核心课程中停止部分传统课程，具体来说：消减硬件教学，基本认知归入计算机学科导论和计算机组成原理与系统结构；停止编译原理课程，基本认知归入计算机语言与程序设计，基本方法归入软件构造；停止计算机图形学（放入选修课）；停止传统核心课程中的课程设计，与软件工程结合一起归入项目实训环节。

（四）课程融合

把职业与社会、团队工作、工程经济学等软件技能知识教学与其他知识教育相融合，归入软件工程、软件需求工程、软件过程与管理、项目实训等核心课程。

（五）强调基础理论知识教学与企业需求的辩证统一

基础理论知识教学是学生可持续发展的学习能力的基本保障，是计算机专业知识快速更新的现实要求，并且对业界工作环境、方法与工具的认知是学生快速融入企业的需要。因此，课程体系、核心课程和具体课程设计均须体现两者融合的特征，在强化基础的同时，还应有效融入业界主流技术、方法和工具。

在当前课程体系的基础上，进一步完善知识、能力和综合素质共同发展的应用型人才的培养方案，吸收国外先进教学体系，适应国际化软件人才培养的需要。创新课程体系，加强教学资源建设，从软硬两方面改善教学条件，将企业项目引进教学课程。加大实践教学学时比例，使实验、实训比例在 1 / 3 以上，以项目为驱动实施综合训练。

二、课程体系的改革——实现模块化

计算机专业的课程体系建设结合就业需求和计算机专业教育的特点，打破传统的"三段式"教学模式，构建了由基本素质模块、专业基础模块和专业方向模块组成的模块化课程体系。

（一）基本素质模块

基本素质模块涵盖了知法守法用法能力、语言文字能力、数学工具使用能力、信息收集处理能力、思维能力、合作能力、组织能力、创新能力以及身体素质、心理素质等诸多方面，教学目标是培养学生的人文基础素质、自学能力和创新创业能力，主要任务是教育学生学会做人。基本素质模块应进一步包含数学模块、人文模块、公共选修模块、语言模块、综合素质模块等。

（二）专业基础模块

专业基础模块主要培养学生从事某一类行业（岗位群）所需的公共基础素质和能力，为学生的未来就业和终身学习打下牢固的基础，提高学生的社会适应能力和职业迁移能力。专业基础模块主要包含专业理论模块、专业基本技能模块和专业选修模块。具体来讲，专业理论模块包含计算机基础、程序设计语言、数据结构与算法、操作系统、软件工程和数据库技术基础等课程；专业基本技能模块包括网络程序设计、软件测试技术 Java 程序设计、人机交互技术、软件文档写作等课程；专业选修模块包括软件工程、图形学、人工智能等课程。

专业基础模块课程的教学可以采取学历教育与专业技术认证教育相结合的形式，实现双证互通。例如，结合全国计算机等级考试、各专业行业认证等方式，使学生掌握从事计算机各行业工作需要具备的最基本的硬件、软件知识，而且能使学生具备计算机专业基本的技能。

（三）专业方向模块

专业方向模块主要培养学生从事某一项具体的项目工作，以培养学生直接上岗能力为出发点，实现本科教育培养应用型、技能型人才的目标。如果说专业基础模块注重的是从业及其变化因素，强调的是专业宽口径，那么专业方向模块则注重就业岗位的现实要求，强调的是学生的实践能力。掌握一门乃至多门专业技能是提高学生就业能力的需要。

专业方向模块主要包括专业核心课程模块、项目实践模块、毕业实习等，每个专业的核心专业课程一般有 5~6 门，充分体现精而专、面向就业岗位的特点。

第二节　实践教学

实践是创新的基础，实践教学是教学过程中的重要环节，而实验室则是实践教学的主要场所。构建科学合理培养方案的一个重要任务是为学生构筑一个合理的实践教学体系，并从整体上策划每个实践教学环节。应尽可能为学生提供综合性、设计性、创造性比较强的实践环境，使每个大学生都能在大学期间经过多个实践环节的培养和训练，这不仅能培养学生扎实的基本技能与实践能力，而且对提高学生的综合素质有极大好处。

实验室的实践教学只能满足课本内容的实践需要，但要培养学生的综合实践能力和适应社会需求的动手能力，必须让学生走向社会，到实际工作中去锻炼、去提高、去思索，这也是高校学生必须走出的一步，是学生必修的一课。某高校就实践教学提出了自己的规划与安排，可供我们借鉴，具体如下。

一、实践教学的指导思想与规划

在实践教学方面，践行"卓越工程人才"培养的指导思想，具体可用"一个教学理念、两个培养阶段、三项创新应用、四个实训环节、五个专业方向、八条具体措施"加以概括。

（一）一个教学理念

一个教学理念即确立工程能力培养与基础理论教学并重的教学理念，把工程化教学和职业素质培养作为人才培养的核心任务之一。通过全面改革人才培养模式、调整课程体系、充实教学内容、改进教学方法，建立软件工程专业的工程化实践教学体系。

（二）两个培养阶段

两个培养阶段是指把人才培养阶段划分为工程教学阶段和企业实训阶段。在工程教学阶段，一方面对传统课程的教学内容进行了工程化改造，另一方面根据合格软件人才应具备的工程能力和职业素质专门设计了四门工程实践学分课程，从而实现了课程体系的工程化改造。在实习阶段，要求学生参加半年全时制企业实习，在真实环境中进一步培养学生的工程能力和职业素质。

（三）三项创新应用

第一，运用创新的教学方法。采用双语教学、实践教学和现代教育技术，重视工程能力、写作能力、交流能力、团队能力等综合能力的培养。

第二，建立全新的评价体系。将工程能力和职业素质纳入人才素质评价体系，将企业反馈和实习生／毕业生反馈加入教学评估体系，以此指导教学。

第三，以工程化理念指导教学环境建设。通过建设与业界同步的工程化教育综合实验环境及设立实习基地，为工程实践教学提供强有力的基础设施支持。

（四）四个实训环节

针对合格的工程化软件设计人才应具备的个人开发能力、团队开发能力、系统研发能力和设备应用能力，设计了四个阶段性的工程实训环节。

①程序设计实训：培养个人级工程项目开发能力。

②软件工程实训：培养团队合作级工程项目研发能力。

③信息系统实训：培养系统级工程项目研发能力。

④网络平台实训：培养开发软件所必备的网络应用能力。

（五）五个专业方向

①软件开发技术的 C 语言或 C++ 语言方向。

②软件开发技术的 Java 语言方向。

③嵌入式方向。

④软件测试方向。

⑤数字媒体方向。

（六）八条具体措施

①聘请软件企业的资深工程师进行指导教学，开设软件项目实训系列课程。例如，将若干学生组织成一个项目开发团队，让学生分别担任团队成员的各种职务，在资深工程师的指导下有效完成项目的开发，使学生真实体会软件开发的全过程。在这个过程中，多层次、多方向地集中、强化训练，注重培养学生实际应用能力。

②创建校内外软件人才实训基地。学院积极引进软件企业提供的真实的工程实践案例，学校负责基地的组织、协调与管理，强化学生工程实践能力的培养。安排学生到校外软件公司实习实训，让学生在实践中学习，提高自身能力，同时通过实训快速积累社会经验，适应企业的需要。

③要求每个学生在实训基地集中实训半年以上。在具有项目开发经验的工程师的指导下，通过最新软件开发工具和开发平台的训练以及大型应用项目的设计，提高学生的程序设计和软件开发能力。另外，实训基地对学生按照企业对员工的管理方式进行管理（如上下班打卡、佩戴员工工作牌、开展团队合作等），使学生提前了解企业对员工的要求，在未来择业、就业以及工作中能够比较迅速地适应企业的文化和规则。

④引进战略合作机构，把学生的能力培养和就业、学校的资源整合、实训机构的利益等捆绑在一起，形成一个有机的整体，弥补高校办学的固有缺陷（如师资与设备不足、市场不熟悉、就业门路窄、项目开发经验有欠缺等），开发一个全新的办学模式。

⑤加强实训中心的管理，在实验室装备和运行项目管理、支持等方面探索新的思路和模式，更好地发挥实训中心的作用。

⑥在课程实习、暑假实习和毕业设计等环节进行改革，探索高效的工程训练内容设计、过程管理新机制。实现"走出去"（送学生到企业实习）和"请进来"（将企业好的做法和项目引进校内）的相互结合。

⑦办好"校内""校外"两个实训基地，在校内继续完善"校内实习工厂"的建设思路，并和软件公司共同建设校外实训基地。

⑧加强第二课堂建设，同更多的企业共建学生第二课堂。学院不仅提供专门的场地，而且提供专项经费支持学生的创新性活动和工程实践活动。加强学生科技立项和科技竞赛等的组织工作，在教师指导、院校两级资金投入方面付诸行动，做到制度保证。

要强化学生理论与实践相结合的能力，就必须形成较完备的实践教学体系。将实践教学体系作为一个系统来构建，追求系统的完备性、一致性、稳定性和开放性。按照人才培养的基本要求，教学计划是一个整体。实践教学体系只能是整体计划的一部分，是一个与理论教学体系有机结合的、相对独立的完整体系。只有这样，才能使实践教学与理论教学有机结合，构成整体。

计算机专业的基本学科能力可以归纳为计算思维能力、算法设计与分析能力、程序设计与实现能力、系统能力。其中的系统能力是指学生对计算机系统的认知、分析、开发与应用能力，也就是要站在系统的角度分析和解决问题，追求问题的系统求解，而不是被局部的实现困扰。

要努力树立系统观，培养学生的系统眼光，使他们学会考虑全局、把握全局，能够按照分层模块化的基本思想，站在不同的层面上把握不同层次的系统；要多考虑系统的逻辑，强调设计。

实践环节不是零散的教学单元，不同专业方向需要根据自身的特点从培养创新意识、工程意识、工程兴趣、工程能力或者社会实践能力出发，对实验、实习、课程设计、毕业设计等实践教学环节进行整体、系统的优化设计，明确各实践教学环节在实现总体培养目标中的作用，把基础教育阶段和专业教育阶段的实践教学进行衔接，与理论课程有机结合，使实践能力的训练构成一个完整体系，贯彻人才培养的全过程。

追求实验体系的完备、相对稳定和开放，体现循序渐进的要求，既要有基础性的验证实验，还要有设计性和综合性的实践环节。在规模上，要有小、中、大；在难度上，要有低、中、高。在内容要求上，既要有基本的，也要有提高的，通过更高要求引导学生进行更深入的探讨，体现实验题目的开放性。这就要求内容：既包含硬件方面的，又包含软件方面的；既包含基本算法方面的，又包含系统构成方面的；既包含基本系统的认知、设计与实现，又包含应用系统的设计与实现；既包含系统构建方面的，又包含系统维护方面的；既包含设计新系统方面的，又包含改造老系统方面的。

从实验类型上来说，需要满足人们认知渐进的需求，要含有验证性的、设计性的、综合性的实验。要注意各种类型的实验中含有探讨性的内容。从规模上来说，实验要从小规模的开始，逐渐过渡到中规模、较大规模。关于规模的数量，就程序来说大体上可以按行计：小规模的以十行计，中规模的以百行计，较大规模的以千行计。

二、实践教学体系的设计与安排

总体上，实践教学体系包括课程实验、课程实训与综合实训、专业实习，以及课外和社会实践。

（一）课程实验

课程实验分为课内实验和与课程对应的独立实验。它们的共同特征是对应某一门理论课设置。不管是哪一种形式，实验内容和理论教学内容的密切相关性要求这类实验都围绕课程进行。

（二）课程实训与综合实训

课程实训是指和课程相关的某项实践环节，更强调综合性、设计性。无论从综合性、设计性要求，还是从规模上讲，课程实训的复杂程度都高于课程实验。课程实训旨在引导学生迈出将所学知识用于解决实际问题的第一步。

课程实训可以以一门课程为主，也可以是多门课程综合的实训，这些统称为综合实训。综合实训是将多门课程相关的实验内容结合在一起，形成具有综合性和设计性特点的实验内容。综合课程一般为单独设置的课程，其中课堂教授内容仅占很少部分的课时，大部分课时用于实验过程。

综合实训在密切学科课程知识与实际应用之间的联系，整合学科课程知识体系，注重系统性、设计性、独立性和创新性等方面，具有比单独课内实验更有效的作用。同时还可以充分利用现有的教学资源，提高教学效益和教育质量。

综合实训不仅强调培养学生具有综合运用所学的多门课程知识解决实际问题的能力，而且更加强调系统分析、设计和集成的能力，并且强调培养学生的独立实践能力和良好的科研素质。

（三）专业实习

专业实习可以有多种形式，如认知实习、生产实习、毕业实习、科研实习等。这些环节都希望通过实习，让学生认识专业、了解专业，不过各有特点，各校实施中也各具特色。

通常实习在于通过让学生直接接触专业的生产实践活动，能够真正了解、感受未来的实际工作。计算机专业的学生，选择互联网企业、大型研究机构等作为专业实习的单位是比较恰当的。

计算机专业的人才培养需要建设相对稳定的实习基地。作为实践教学环节的重要组成部分，实习基地的建设起着重要的作用。实习基地的建设要纳入学科和专业的有关建设规划中，定期组织学生进入实习基地进行专业实习。

学校定期对实习基地进行评估，评估内容包括接收学生的数量、提供实习题目的质量、管理学生实践过程的情况、学生的实践效果等。实习基地分为校内实习基地和校外实习基地两类，它们应该各有侧重点，相互补充，共同服务学生完成实习任务。

（四）课外和社会实践

将实践教学活动扩展到课外，可以引导学生开展广泛的课外研究学习活动。

对有条件的学校和学有余力的学生，鼓励参与各种形式的课外实践，鼓励学生提出和参与创新性题目的研究。主要形式包括：高年级学生参与科研，参与国际大学生程序设计竞赛、数学建模等竞赛活动，科技俱乐部、兴趣小组、各种社会技术服务组织等，以及其他各类与专业相关的创新实践。

教师要注意给学生适当的引导，特别要注意引导学生不断地提升研究问题的视角，面向未来，让他们打好基础，培养可持续发展的能力。避免只让学生"实践"而忽视研究，总在同一个水平上重复。

课外实践应有统一的组织方式和相应的指导教师，其考核可视不同情况依据学生的竞赛成绩和总结报告或与专业有关的设计、开发成果进行。

社会实践的主要目的是让学生了解社会发展过程中与计算机相关的各种信息，将自己所学的知识与社会的需求相结合，增强自身的社会责任感，进一步明确学习目标，提高学习的积极性，服务社会。社会实践具体方式包括以下几种：①组织学生走出校门进行社会调查，了解目前计算机专业在社会上的人才需求、技术需求或某类产品的供求情况；②到基层进行计算机知识普及、培训活动，参与信息系统建设；③选择某个专题进行调查研究，写出调查报告等。

（五）毕业设计（论文）

毕业设计（论文）环节是学生学习的重要环节，通过毕业设计（论文），学生的动手能力、专业知识的综合运用能力和科研能力可以得到很大的提升。学生在毕业设计或论文撰写的过程中往往需要把学习的各个知识点贯穿起来，形成专业学习的清晰思路。这对计算机专业的毕业生走向社会和进一步深造起着非常重要的作用，也是培养优秀毕业生的重要环节之一。

学生毕业设计（论文）选题以应用性和应用基础性研究为主，与学科发展或社会实际紧密结合。一方面要求选题多样化，向拓宽专业知识面和交叉学科方向发展，教师们结合自己的纵向、横向课题提供题目，也鼓励学生自己提出题目，还有些学生的毕业设计与自己的科技项目结合；另一方面要求设计题目难度适中且有一定创意，强调通过毕业设计的训练，使学生的知识综合应用能力和创新能力都得到提高。

在毕业设计的过程中注重训练学生总体素质，营造良好的学习氛围，促使学生积极主动地培养自己的动手能力、实践能力、独立的科研能力、以调查研究为基础的独立工作能力以及自我表达能力。

为在校外实训基地实习的学生配备校内指导教师和校外指导教师，指导学生进行毕业设计，鼓励学生将实践项目作为毕业设计题目。

该高校的计算机专业十分重视毕业设计（论文）的选题工作，明确规定：

偏离本专业所学基本知识、达不到综合训练目的的选题不能作为毕业设计（论文）题目。毕业设计（论文）题目大多来自实际问题和科研选题，与生产实际和社会科技发展紧密相连，具有较强的系统性、实用性和理论性。近年来，结合应用与科研的选题占比较大，大部分题目需要进行系统设计、硬件设计、软件设计，综合性比较强，分量较重。这些选题使学生在文献检索与利用、外文阅读与翻译、工程识图与制图、实际问题分析与解决、设计与创新等方面的能力得到了锻炼和提高，能够满足综合训练的需求，达到本专业的人才培养目标。

第三节　课程建设

课程教学作为职业教育的主渠道，对培养目标的实现起着决定性的作用。课程建设是一项系统工程，涉及教师、学生、教材、教学技术手段、教育思想和教学管理制度等多个方面。课程建设规划反映了各高校提高教育教学质量的战略和专业特点。

计算机专业学生的就业难在质量不高，与社会需求脱节方面。通过课程建设与改革，要解决课程的趋同性、盲目性、孤立性以及不完整、不合理交叉等问题，改变过分追求知识的全面性而忽略人才培养的适应性的局面。下面是可供借鉴的一些课程建设策略。

一、夯实专业基础

针对计算机专业所需的基础理论和基本工程应用能力，构建统一的公共基础课程和专业基础课程。计算机专业知识作为各专业方向学生必须具备的基础知识，为创建专业方向课程模块提供了有效支撑，为学生后续学习各专业知识打下了坚实的基础。

二、明确方向内涵

将各专业方向的专业课程按一定的关联性组成多个课程模块，通过课程模块的选择、组合，明确同一专业方向的不同应用侧重，使培养的人才紧贴社会需求，较好地解决本专业技术发展的快速性与人才培养的滞后性之间的矛盾。

三、强化实际应用

为加强学生专业知识的综合运用能力和动手能力，减少验证性实验，增加设计性实验，应在所有专业限选课中设置综合性、设计性实验，以及增设"高级语言程序设计实训""数据结构和算法实训""面向对象程序设计实训""数据库技术实训"等实践性课程。根据行业发展的情况、用人单位的意向及学生就业的实际需求，拟定具有实际应用背景的毕业设计课题。

作为计算机专业应用型人才培养体系的重要组成部分，制订课程建设规划时要注意以下几个方面：建立合理的知识结构，着眼于课程的整体优化，反映应用型人才培养的教学特色；在构建课程体系、组织教学内容、开展实践创新与实践教学、改革教学方法与手段等方面进行系统配套的改革。

要将授课、讨论、作业、实验、实践、考核等教学环节作为一个整体统筹考虑，充分利用现代化教育技术手段和教学方式，形成立体化的教学内容体系；重视立体化教材的建设，将基础课程教材、教学参考书、学习指导书、实验课教材、实践课教材、专业课程教材进行配套建设；加强计算机辅助教学软件、多媒体软件、电子教案、教学资源库的配套建设；充分利用校园资源环境，进行网上课程系统建设，使专业教学资源得到进一步优化和组合；重视对国内外著名高校教学内容和课程体系改革的研究，继续做好优秀教材的引进、消化、吸收工作。

第四节　教学管理

以某高等院校的教学管理为例，汲取其中的有益经验。

一、教学管理体系

在学校、系部和教研室的共同努力下，加强教学管理制度建设，逐步完善了三级教学管理体系。

（一）校级教学管理

学校现已形成完整、有序的教学管理模式，包括组建质量监控队伍，建立教学管理制度、教学工作的沟通及信息反馈渠道等。学校教务处负责全校教学、学生学籍、教务、实习实训等日常管理工作，同时还设有教学指导委员会、学位评定委员会、教学督导组等，对各院系的教学工作进行全面监督、检查和指导。

学校教务管理系统具有网上选课、课表安排及成绩管理等功能。在学校信息化建设的支持下，教学管理工作网络化已实行了多年，平时的教学管理工作，如学籍管理、教学任务下达和核准、排课、课程注册、学生选课、课堂教学质量评价等均在校园网上完成，网络化的平台不仅保障了学分制改革的顺利进行，还大大提高了工作效率。同时，也为教师和学生提供了交流的平台，有力地配合了教学工作的开展。

学校制定了选课、考试、实验、实习及学生管理等方面的制度和规范，并严格按要求执行。在学生管理方面，对学生体育合格标准、学生违纪处分、学生考勤、学生宿舍管理及学生自费出国留学等问题都做了明确规定。

（二）系级教学管理

计算机工程系自成立以来，由系主任、主管教学的副主任、教学秘书和教务秘书负责全系的教学管理工作。主要负责制订和实施本系教育发展建设规划，组织教育教学改革研究与实践，修订专业培养方案，制定本系教学工作管理规章制度，建立教学质量保障体系，进行课堂内外各个环节的教学检查，监督协调各教研室教学工作的实施等。

（三）教研室教学管理

系部下设立多个教研室，负责修订教学计划、分配教学任务、管理专业教学文件、组织教学研究活动、编写及修订课程教学大纲及实验大纲、协助开展教学检查、考核教师业务及培养青年教师等工作。

二、过程控制与反馈

计算机学院设有教学指导委员会（由学院党政负责人、各专业负责人等组成），负责制定专业教学规范、教学管理规章制度、政策措施等。学校和学院建立了教学质量保障体系，学校聘请有丰富教学经验的离退休教师组成教学督导组，负责全校教学质量监督和教学情况检查。通过每学期教学检查、毕业设计题目审查、中期检查、抽样答辩、教学质量和教学效果抽查、学生评价等各个环节，客观地对教育工作质量进行有效的监督和控制。

由于校、院、系各级教学管理部门实行严格的教学管理制度，采用计算机网络等现代手段使管理科学化，提高了工作效率，教学管理人员素质较高，教学管理严格、规范、有序，为保证教学秩序和提高教学质量起到了重要作用。

（一）教学管理规章制度健全

学校以国家和教育部相关法律法规为依据，针对教师培训制度、教学管理制度、教学质量检查与评价制度、学生学籍管理制度以及学位评定制度等制定了一系列文件，并针对教学管理中出现的新情况、新问题，对教学管理相关文件及时进行修订、完善和补充。

在学校现有规章制度的基础上，根据实际情况和工作需要，计算机学院又配套制定了一系列强化管理措施，如"计算机网络技术专业'十四五'建设与发展规划""计算机工程系教学管理工作人员岗位职责""计算机工程系专任教师岗位职责""计算机工程系实训中心管理人员岗位职责""计算机工程系课堂考勤制度""计算机工程系毕业设计（论文）工作细则""计算机工程系教学奖评选方法""计算机工程系课程建设负责人制度"等。

（二）严格执行各项规章制度

学校形成了由院长分管教学，副院长、职能处室（教务处、学生处等）、系部分级管理的组织机构，实行校系多级管理和督导机制。健全的组织机构为严格执行各项规章制度提供了保证。

学校还采取课程普查制度，组织校领导、督导组专家听课，采取每学期第一周（校领导带队检查）、中期（教务处检查）、期末教学工作年度考核等措施，保证规章制度得到有效执行。

学校教务处坚持实行工作简报制度，做到上下通气、情况清楚、奖惩分明。对于学生学籍变动、教学计划调整、课程调整等实施逐级审批制；对在课堂教学、实践教学、考试、教学保障等各方面造成教学事故的人员给予严肃处理；对优秀师生的表彰奖励及时到位。教学规章制度的严格执行使学院形成了良好的教风和学风，教学秩序井然，教学质量稳步提高，对实现本专业人才培养目标提供了有效保障。

第三章 基于行业的学习训练一体化人才培养模式改革

基于行业的学习训练一体化人才培养坚持"产学合作、校企结合"的方针。在实施学习训练一体化人才培养方案的过程中，坚持以地方经济对人才的需求为导向，并以学生能力培养为重点，以提高学生的计算机专业知识综合运用能力、学习新知识的能力、分析问题与解决问题的能力、职业能力和职业素质等。同时，基于行业的学习训练一体化人才培养方案应重视学生专业基础理论知识的学习，将专业基础课程纳入教学计划，并进行符合应用型人才培养需求的课程与教学改革，构建学习训练一体化、理论实践相融合的计算机专业人才培养体系。

第一节 基于行业的学习教学法

一、基于行业的学习教学法介绍

基于行业的学习是为培养满足行业需求的应用型人才而产生的一种新型教学方法。学生完成两年学位课程后，可在企业带薪工作、学习 24 周或 48 周。在基于行业的学习教学过程中，学生具有一定的学术能力，在企业中作为职员，进行针对职业生涯的实践培训，并接受由企业导师、学术导师、基于行业的学习协调员等提供的教学服务。企业可以聘用有技能的、具有工作热情的员工，并培养潜在的未来员工，同时可以提高专业、行业标准，并能广泛地接触高校资源。学生在企业边工作边学习，能获得报酬，可增强自己的专业能力和商务能力，并熟悉职业环境，从而增强竞争力。通常，参加基于行业的学习训练的毕业生比其他未接受基于行业的学习训练的学生初始工资高、责任心强、实际工作能力强且获得学位后常回到实习企业工作。基于行业的学习已逐步成为各高校的一种主要教育和课程形式。

这种教学方法主要是为学生提供企业工作机会，使学生通过学习了解、熟悉职场环境，有利于学生规划个人的职业发展，从而培养掌握相关理论和技术、能够解决实际问题的人才。

二、基于行业的学习的教学法设计思路

基于行业的学习教学法不是简单地将教学活动的组织、管理交给企业，而是校企双方协商，把企业直接引进学校，按照企业对人才的需求规格制订教学方案，建立实习基地，把企业的管理、运作、工作模式直接引入实习基地的实习活动中，以企业的项目开发驱动学生的实习活动，使学生在学习阶段就可以直接接触到实际的工作环境和氛围。学校教师与行业项目工程师共同完成课程开发、学生管理、实习培训等基于行业的教学任务，学生通过参加实际工程项目的训练可提高学习兴趣，消除学习和工作之间的鸿沟。

基于行业的学习教学法的主要特点如下：基于行业的学习是学位课程的重要组成部分；学生具备相应的学术能力，应修完大学本科的主要课程；学生可以真实体验和熟悉职场环境，同时获得专业和职业能力；学校和行业紧密合作，共同参与教学，共同培养潜在的未来企业员工；促使教师改善教学方法，提高教学技能；充分调动、利用学校和企业的相关资源；增强毕业生的就业竞争力；探索新的教学方法，开创培养应用型人才的新模式。在基于行业的学习教学过程中，学校和企业紧密合作，使学生得到在企业工作的机会，体会和熟悉工作环境，接受针对职业生涯的实践培训。

三、基于行业的学习与建构主义学习

在我国目前的学校教育中，传统的学科系统性课程体系中的教学活动多采用以教师为中心的教学方法，学生被动接受教师传授的知识。传统的学科系统性课程体系难以满足应用型人才的培养需求。基于行业的学习教学法则以能力为本位，构建以学生为中心的课程体系。

建构主义学习理论强调以学生为中心。学生由外部刺激的被动接受者和知识的灌输对象转变为信息加工的主体、知识意义的主动建构者。建构主义学习理论强调知识是通过学生主动建构获得的。按照构建主义学习理论的观点，基于行业的学习教学法应是基于建构主义学习理论的一种教学法。

第一，建构主义强调以学生为中心。基于行业的学习教学法强调在学习过程

中充分发挥学生的主动性，学生通过完成工程项目建构各自的知识体系，完成相应的学习任务。

第二，建构主义强调"情境"对意义建构的重要作用。基于行业的学习教学法建立基于行业的实习基地，学生按照企业的工作方式和管理模式对既往知识、经验进行改造与重组，完成新知识体系的建构。

第三，建构主义强调"协作学习"对意义建构的关键作用。基于行业的学习教学法提倡通过项目合作完成教学活动，进而培养学生的团队合作意识与精神。

第四，建构主义强调对学习环境的设计。基于行业的学习教学法不仅强调通过工程项目训练实现知识建构，还强调在工作环境中完成学习任务。

第五，建构主义强调利用各种信息资源支持"学"，而不是支持"教"。基于行业的学习教学法强调将学生作为学习主体，并使其根据各自项目的进展和需求从书本、网络、项目文档等各种资料中获取知识，完成学习。学习过程和内容不是简单地由教师支配。

第六，建构主义强调学习过程的最终目的是完成意义建构，而不是完成某种既定的教学目标。基于行业的学习教学法以能力为目标进行教学设计，这种能力目标不同于传统的基于学科体系的教学目标。

基于行业的学习教学法注重培养学生的应用能力、职业素质，提高学生的学习兴趣，缩小学习与工作之间的鸿沟。这是培养应用型人才的一种新模式。这种教学法可以认为是建构主义学习方法的一种具体实现路径。

第二节　基于行业的学习训练一体化人才培养方案

一、基于行业的学习训练一体化人才培养方案的特色

基于行业的学习训练一体化人才培养方案（以下简称"学习训练一体化人才培养方案"）形成了自身特色，贯彻了应用型本科人才培养的基本原则，兼顾理论基础和应用能力培养，兼顾知识学习和工作实践训练。以实际应用为导向，以行业需求为目标，以综合素养和应用知识与能力的提高为核心，使学生成为适应地方经济发展需要的应用型高级专门人才。

依托校企合作，以行业实习形式驱动集中实践教学环节，由企业派出技术指

导全程负责，并以"学习训练一体化"的形式开展软件开发岗位的定向培训，校企合建软件开发实习环境。根据对学习对象和人才培养规格的调查分析，确定"学习训练一体化"课程的基本学习要求与实习目标。在确立教学目标的同时，校企合作实习基地将接收学生进行软件开发综合训练。

在专业培养方案中，要求增加实践教学课程，通过搭建实践教学环节的支撑平台，设置多种实践类课程，保证实践教学在学生大学阶段不中断。注重综合性的训练课程、理论与实践一体化课程，加强对学生综合运用知识解决问题能力的培养。综合性的训练课程主要针对专项技术、技能开设，培养学生的专项技术能力；理论与实践一体化课程属于综合型、复合型实践课程，在课程中通过师生双方边教、边学、边做来完成具体教学目标和教学任务。该类课程具有应用性、综合性、先进性、仿真性等特点，使教学更接近企业技术发展的水平，并与企业实际技术同步，从而营造浓郁的企业工作氛围，达到能力与素质同步培养的目的，增强学生的竞争能力和应用能力。

教师和学生在教学过程中的地位将发生改变。根据学习训练一体化人才培养方案，教师不仅是知识的传授者，而且是学生学习的组织者。教师负责组织实习单位与学生见面，让学生根据各自的需要选择实习单位，安排实习期间的学习内容，监督教学计划中预期教学环节的完成情况。教师要及时了解和解决学生在学习中遇到的问题。该人才培养方案也可以促使教师改善教学方法，提高教学技能。学生可以真实地体验和熟悉职场环境，同时获得专业和职业能力。此外，在实习过程中，学生作为学习的主体，通过主动地感知、学习和操作，在既往分散、非系统知识的基础上建构综合、全面的知识体系。

为了增强毕业生的就业竞争力，将教学方法和教学设计建立在高校、行业和学生三方紧密合作的关系基础上。学校和行业紧密合作，共同参与教学，共同培养未来的企业员工，即紧密依托企业培养出更多满足职业需求的本科毕业生，以便有效提高毕业生的一次就业率。

在学习训练一体化人才培养方案的构建过程中，除设计基于7周的软件开发综合训练之外，还可建立"3+1"教改实验班的教学改革方案。针对实验班学生设计满足这类学生特殊需求的"3+1"人才培养方案，即前3年学生的学习按照计算机专业人才培养计划执行，以公共基础课、专业基础课和专业课的课堂教学为主；第4年采取把专业理论课知识学习与企业实习相结合的形式，学生将深入企业参与实际项目开发，获取职业证书和行业实习合格证书。

二、基于行业的学习训练一体化人才培养方案的构建原则

应用型人才培养主要强调以知识为基础，以能力为重点，知识、能力、素质协调发展的培养目标。在具体要求上，强调培养学生的综合素质和专业核心能力。在专业设置、课程设置、教学内容、教学环节安排等方面都强调应用性。互联网技术应用型人才培养在以能力培养为本的前提下，也要重视基础课程和专业基础课，为学生毕业后继续教育和个人发展打下良好的基础。学习训练一体化人才培养方案的构建原则如下。

（一）人才培养要体现"宽基础、精专业"的指导思想

"宽"是指能覆盖本科的综合素养所要求的通识性知识和学科专业基础，包括能适应社会和职业需要的多方面能力。"精"是指对所选择的专业要根据就业需要适当缩窄口径，使专业知识学习能精细精通。

（二）培养方案要统筹规范，兼顾灵活

统筹规范要有国内外同类专业设置标准或规范做依据，统一课程设置结构。课程按三层体系搭建：学科性理论课程、训练性实践课程和理论与实践一体化课程。灵活是指根据生源情况和对人才市场的调研与分析，采用分层教学、分类指导的方式，保证能对不同层级的学生进行教学和管理。根据职业需求和技术发展灵活设置专业方向和选修课程，在教师的指导下，学生应能在公共选修、自主教育、专业特色模块等课程中选修，包括跨专业选修和辅修，但改选专业需按学校有关规定执行。

（三）适当压缩理论必修、必选课，加强实践环节教学

应用型本科毕业生的实践教学时间原则上不少于一年半，同时，要增加实践环节的学时数和学分占比。实践教学可采用集中实践与按课程分段实践相结合的方式，建立多种形式的实践基地，确保实践教学在人才培养的整个环节中不中断。另外，可以设置自主教育选修学分，培养学生的自主学习能力，其中，创新创业实践学分应大于 5 学分。

（四）设立长周期的综合训练课程，消除课堂与工作岗位之间的差异

通过学习训练一体化人才培养方案的构建，在基于 7 周的软件开发综合训练中，将企业直接引进学校的教学过程中来，使学生在大学学习阶段就可以接触到

实际的工作环境和氛围，并直接进入实际的项目开发当中去。通过工程项目训练培养学生的职业能力、职业素质，提高学生的学习兴趣，消除学习、实践、工作之间的鸿沟，开创培养应用型人才的新模式。

（五）实施因材施教的教学方法

在充分论证的基础上，可以制订特殊培养计划，对学生实施资助教育，鼓励学生参加技能培训以获得相应的学分，拓展有专长和潜力的学生的发展空间。例如，增设开放（自主）实验项目，鼓励有兴趣、有能力的学生进入实验室，并根据实验项目完成情况给予相应的学分；鼓励学生参加有关的技能培训以及国家、省（市）、国内外知名企业组织的相应证书考试，并给予学分；推出就业实习、挂职锻炼、兼职和校企合作等新的社会实践项目，并根据实践时间和效果给予相应学分；鼓励班里有专长和成绩突出的学生直接参与教师的科研课题。

三、基于行业的学习训练一体化人才培养方案的课程体系

（一）课程设置

学习训练一体化人才培养方案中课程总学分为 179 学分。其中，理论教学 114 学分，占总学分比例为 63.7%；集中实践教学 60 学分（含毕业设计实践 16 学分），占总学分比例为 33.5%；自主教育 5 学分，占总学分比例为 2.8%。

该人才培养方案按教学层次设置了学科性理论课程、训练性实践课程、理论与实践一体化课程。在总学分中，学科性理论课程 114 学分，训练性实践课程 21 学分，理论与实践一体化课程 39 学分。各类课程设置的总体说明如下。

学科性理论课程共计 114 学分，分为公共基础类课程和专业、专业基础类课程。其中，公共基础类课程共计 58 学分，这些课程与后续专业及专业基础类课程紧密相关，学生在大学一年级、大学二年级应完成公共基础课程的学习。

专业、专业基础类课程共计 56 学分，包括计算机科学与技术的专业基础类课程，线性代数、离散数学、数字逻辑技术、电路与系统、专业基础类课程公选课。专业课程包括数据结构、面向对象程序设计、计算机网络、数据库管理与实现、软件工程、操作系统和计算机组成原理等。学生可以在大学二年级、大学三年级、大学四年级学到相应的课程。

训练性实践课程共计 21 周，分为公共基础类课程和专业、专业基础类课程。

公共基础类训练性实践课程共计 9 周，包括入门教育、英语强化、工作实践、计算机基础应用训练、物理实验，以及大学生在四年级的毕业教育。

专业、专业基础类训练性实践课程总计 12 周，是配合专业、专业基础类理论课程开设的实践课程，包括数据库管理与实现训练、面向对象程序设计训练、软件工程训练、软件测试训练、计算机网络基础应用训练、网络系统规划设计训练、操作系统模拟实现训练、算法与数据结构训练、计算机硬件和指令系统基础设计训练、嵌入式系统的应用训练和计算机体系结构的模拟实现训练等课程。这些训练性实践课程的开设旨在让学生更好地学习学科性理论课程。

理论与实践一体化课程共计 39 周，分为公共基础类，专业类、专业基础类，毕业设计。该部分主要以综合性课程的形式出现在教学课程体系中，此类课程不仅要引导学生应用已学过的专业及专业基础知识，还应结合实践的具体课题补充前沿的新知识、新技术。

公共基础类理论与实践一体化课程共计 5 周，包括程序设计综合训练和专业感知与实践。专业类、专业基础类理论与实践一体化课程共计 18 周，包括面向对象与数据库综合性课程、软件开发综合性课程、系统集成综合性课程、信息技术应用（软件测试）综合性课程、计算机工程综合性课程、项目管理综合性课程。理论与实践一体化课程均由多门学科理论性课程支持，在实践过程中，教师应指导学生把学习过的各门独立专业课程的知识有效地联系起来，达到工程训练的目的。例如，软件开发综合性课程不仅包括软件工程、软件测试、面向对象程序设计、数据库管理与实现、数据结构等学科性理论课程的知识，还包括数据库管理与实现训练、面向对象程序设计训练、软件工程训练、软件测试训练、算法与数据结构训练等训练性实践课程内容。同时，在该课程的实施过程中，教师还会根据实际的需要补充新的知识，从而真正实现学、做、实践的统一。

此外，实践教学课程包括课内课外实验、专项训练、综合训练、自主教育、毕业设计实践等，保证实践教学 4 年不中断。第 7 学期结合专业特色课和毕业设计要求应安排 7 周的集中实践（实习）环节，这一环节一般在一学期内持续进行，鼓励以团队形式开展项目驱动方式的实践，有条件的可安排学生到企业或校企合作基地集中实践。毕业设计开题可提前在第 7 学期和集中实践环节相衔接，减少就业影响。

自主教育类课程。学生在校期间应完成自主教育学习，主要为培养和提升自身的职业竞争能力和发展潜力，要充分体现理论与实践一体化课程的特点。

自主教育类课程以实践教学为主，包括开放式自主实践类课程、创新创业教育、社会技术培训、校企合作置换课程、网络资源课程、科技文化活动。学生可通过选修全校各类课程、各学院开设的课程，以及参加学校认可的学科竞赛、证书认证、科技活动、社团活动等自主教育学习来获取学分。其中，创新教育主要包括学生在教师指导下完成的科技竞赛、研究课题以及企业实际应用开发项目。创业教育是学生在校期间开展校（院）级以上批准立项的创业活动。学生在校期间至少要获得 5 学分的创新创业教育学分。

选修课程（含理论与实践）的组织与时间安排。公共选修课程为全校和全院性选修课程，包括社会科学、人文科学与艺术、经济与管理、体育、英语、计算机技术（凡是在本专业开设的同类课程不得在计算机技术类中选修）、数学、自然科学、物理等方面的理论与实践选修课程；其余选修类课程大多为学院开设的选修课程。此外，还有针对不同基础与需要的学生开设的选修课程。

（二）课程体系结构

在开展课题研究的过程中，可设计计算机专业人才培养方案的课程框架。

该框架根据专业特点和应用型人才培养目标，以课程设计为基础，实现学科性理论课程、训练性实践课程、理论与实践一体化课程的合理组合。通过大幅度增加实践教学比重，强调从事实际工作的综合应用能力培养。

（三）课程实施说明

学习训练一体化培养方案在学习时间、课程组合、课程学习时间安排等方面为学生提供了较大的自主选择空间，学生可根据自身特点及毕业志向提前或延期毕业、考研、就业等，在专业导师指导下组合课程，形成个性化学习方案和学习计划。学生在进行必修课程的进程设计和选修课程的选择安排时，要注意课程的先修、后修关系和知识的系统性。具体建议如下。

第一，4 年完成学业的学生，第 1 学期至第 6 学期每学期所安排的总学分建议控制在 25 学分以内，第 7 学期建议开设 16 周左右的集中实践环节。学生对每学期的选课模块应合理搭配，以保证在 4 年内完成各教学模块对选修学分的要求。同时也要注意校、院两级选修课程的适当搭配，一般每学期选学的全校性选修课程不要超过 4 学分，自主教育学分不超过 10 学分。

第二，毕业后直接就业的学生，应结合就业意愿加强学科专业基础课程及专业特色课程的学习。在第 7 学期的第 8 周之前基本修满本培养方案规定的必修课程学分和各教学模块要求的选修学分，同时要加强拟就业领域相应专业方向课程的学习，积极为就业创造条件。第 7 学期后 8 周，学生应根据就业需要进一步加强专业对口课程的学习，并可开始进行毕业设计、选择就业实习，为参加工作奠定良好的基础。也可将前后 8 周打通安排。

第三，拟考研的学生，应于第 6 学期前完成必修理论课程及实践课程的学习（毕业设计除外），基本修满培养方案各模块要求的学分。第 7 学期可通过选修公选类和自主教育类中的"两课"综合训练、英语综合训练、数学综合训练等校选课程以及专业基础综合训练等院选课程，进一步巩固公共基础知识和专业基础知识，为考研做好准备。

第四，"3+1"教改实验班的学生，前 3 年在学校按照学习训练一体化人才培养方案进行学习，第 4 年进入企业参与实际项目的开发。学生前 6 学期的教学安排与非教改班的专业培养方案中的教学安排完全一致。学生的第 7 学期和第 8 学期均为毕业设计实践环节，学生将直接进入企业进行实习，并且根据实际实习内容进行教学培养计划中第 7 学期相应课程的学分置换。

第五，拟参加学校与国外大学本科生交流项目的学生，应加强大学英语课程的学习，特别要通过英语技能训练，提高英语听说能力。同时，还要注意学好对方所要求的互认学分的必修课程，为到国外大学学习做好准备。

第六，在校期间通过参加校企合作项目和企业职业培训获得自主教育学分的学生，获得自主教育取得的学分经过确认后，可以置换相关集中实践教学课程学分。

第七，在校期间选修专业特色课程和专业拓展课程的学生，应根据各专业方向的特点和需要，在专业负责人指导下进行选修，组成专业方向模块，按班教学。

第三节　基于行业的学习训练一体化人才培养方案的实施环境和条件

在实施学习训练一体化人才培养方案时，必须具备适合的教学实施环境和坚实的条件保障，包括完善的学科建设基础、产学合作基础、师资队伍基础、教学资源建设和教学管理等。

一、学科建设基础

学科建设是高等学校教学、科研工作的结合点，是提高学校教学、科研能力的关键，是学习训练一体化人才培养方案实施的重要支撑。学科建设基础主要体现在如下三个方面。

（一）在学科建设过程中力求吸收高层次拔尖人才

应用型大学的学科建设要有高层次拔尖人才作为应用学科的带头人，他们不仅要有坚实的理论基础，而且要有工程经验或技术研发能力，以及与应用领域相关的广泛知识、创新能力和沟通能力。他们的水平和能力决定了该学科的水平和影响力，因此，高等学校和科研机构的学科带头人都要聘请和选拔高层次专业拔尖人才。学校在引进人才的工作过程中，可实施"一把手"工程，切实解决引进中的问题、困难等。

（二）在学科建设过程中建立完善的科研开发平台

应用型大学的学科是培养应用型人才、进行科研开发的基本平台。学科建设是建立人才培养和科研开发的基本单元，因此，学科建设中要建立完善的科研开发平台，包括研究所、研究基地或中心、重点实验室等。

（三）学科建设需要有团队的齐心协作

一个学科除要有学科带头人之外，还要搭建一支学术梯队，形成学术、科研和教学团队；要根据规划不断调整学科队伍，建立合理的学术团队来确立研究方向、建设研究基地以及组织科研工作，改革教学计划，提高教学水平。

二、产学合作基础

开展产学合作是应用型本科院校培养应用型人才的根本途径，是建设应用学科的重要基础，是构建科技创新平台和提升高校自主创新能力的重要保障。通过高校与企业合作办学，可以充分利用两种不同的教育环境减少人才培养和市场需求之间的差距，提升学生的职场竞争能力，真正实现应用型人才培养的目标。近年来，计算机专业依托学科领域的研究成果，与相关科研单位和企业结成全面的产学研联盟，发挥和集成各自的优势，为基于行业的学习教学模式的学习训练一体化人才培养方案的构建奠定了良好的基础。

基于行业的学习教学模式的实施使企业和学校真正做到零距离对接。专业教师和企业工程师共同开展综合类课程的建设，设计综合性课程方案。学校通过与企业合作，得到了企业的资金和技术支持，成功共建"软件开发实践基地"。学生可以参加由企业工程师直接指导的项目实习，通过学习训练一体化人才培养模式，完成综合项目的开发训练。

为提高人才培养目标与人才市场需求的契合度，实现毕业生到企业员工角色的无缝转换，在教学过程中，学校与企业共同构建教学和实践平台，将企业培训和实习工作提前，使企业与学校教育更加紧密地结合，以满足企业对人才知识、能力和素质的综合要求。

三、师资队伍基础

师资队伍是学科、专业发展和教学工作开展的核心资源。师资队伍的质量对学科、专业的长期发展和教学质量的提高有直接影响。根据应用型人才培养模式，专业人才的培养要体现知识、能力、素质协调发展的原则。这就要求构建一支整体素质高、结构合理、业务过硬、具有创新精神的师资队伍，以适应应用型人才培养及自身发展的需求。师资队伍建设应有长远规划和近期目标，有吸引人才、培养人才、稳定人才的良性机制，以学科建设和课程建设推动师资队伍建设，以提高教学质量和科研水平为中心，以改善教师知识、能力、素质结构为原则，通过科学规划制订激励措施，促进师资队伍整体水平的提高。

（一）专业师资队伍的结构

专业师资队伍应保证年龄结构合理、学历与职称结构合理，发展趋势良好，符合专业目标定位要求，适合学科、专业长远发展的需要和教学需求。师生比应该控制在 1∶16 范围内。

（二）对教师队伍的知识、能力、素质结构的要求

专业教师除具备较高的专业学历，如博士、专业硕士等之外，还应具备较丰富的行业企业工作经验、高校的教学工作经验等，这样的教师可称为具有应用型本科教育专业素质的教师。因此，应用型本科教育对专业教师的基本要求如下。

第一，在知识结构上，教师不仅要有丰富的本学科理论知识，而且要有较多的实践相关知识，如仪器设备知识、实验或实验材料知识。从教学环节上看，教师在理论课课堂上要向学生系统地教授知识，因而对教师的理论水平、知识结构要求较高。

第二，在能力结构上，教师不但要具有基本教学能力，而且要有较高水平的实际操作能力、观察能力和研究能力，要掌握培养应用能力的教学方法。此外，在充分发挥这些教师作用的基础上，还应通过培训等多种渠道提升教师的专业实践水平和科研能力，以满足产学研的需求。

第三，从工作经历上，由于应用型本科教学强调培养学生的综合应用能力和实践能力，要求教师在具备专业知识和基本技能的基础上，还要具备相关职业工

作背景或培训经历，如参与过企业工程项目开发、有企业工作经历或经验等。教师要跟踪技术的发展变化，在教学中及时引进新技术，努力让教学贴近生产、生活服务实际。

四、教学资源建设

教学资源包括教学实践环境、教材、图书资源等。良好、完备、先进的实验设备和满足专业培养目标需要的实践基地，符合应用型人才培养目标的高水平教材，丰富、充足的图书资料是应用型本科专业教学的基本保障。

（一）教学实践环境建设

教学实践环境的建设既要满足专业基础实践的需要，又要考虑专业技术发展趋势的需要。计算机专业要有设备先进的实验室：软件开发工程实训室、微机原理与接口技术实验室、通信网络技术实验室、数字化创新技术实验室和院企合作软件开发实践基地等。这些实验室和实践基地为学习训练一体化人才培养方案的实施提供了良好的教学实践环境。

（二）教材建设

教材是知识的重要载体，是学生获取知识的主要途径，是教师教学的基本工具。教材质量的优劣直接影响教学和人才培养的质量。因此，教材建设是教学改革的重要内容之一。教材建设要结合实际，正确把握教学内容和课程体系的改革方向，密切配合学校学科、专业及办学定位进行。教材建设应紧紧围绕应用型人才的培养目标，鼓励具有应用型本科教育专业素质的教师结合一线教学经验和企业工作经验编写满足学习训练一体化人才培养方案需求、符合专业发展需要、具有自身特色的专业教材。

（三）图书资源建设

在图书资源管理方面，高校图书馆应从资源和服务两个方面发挥对计算机专业教学科研的保障作用。一是加强图书、期刊、电子资源以及各类数据库的建设。文献收藏应以本校各专业所涉及学科的基础理论文献、教学参考文献、科学研究参考文献等为重点，形成具有特色的多学科及多层次、多载体形式的馆藏文献体系和数据库体系。二是充分利用现代化技术开展以网络文献服务为中心的信息服务，开发网上资源，形成以网上文献报道、网上信息导航、网上咨询服务等为主要内容的网上信息服务平台。

五、教学管理

学校教学管理应具备制度化、规范化和网络化等特点，应建立一套完备的教学管理机制以适应教学需求，形成适应应用型大学特点的教学管理。

学校可以建立多级教学管理层次，包括学术委员会、专业负责人、课程负责人、教研室主任和任课教师等。通过各级职务人员的协同工作加强教学管理和质量监控，共同完成专业教学任务。

学术委员会主要负责教学管理相关文件的审定，包括对一些重大教学事故的处理，科研发展规划的制订和实施，审议、推荐校级、纵向项目科研课题，评估教师的科研成果。专业负责人负责审定专业教学计划，并进行教学监控和检查。课程负责人负责所辖的一组课程的建设，专业课程内容的确定以及专业课程之间的衔接，其中包括确定教学进度、设计教学大纲实施方案、监督课堂教学和实践的实施、审核命题及确定阅卷评分标准。教研室主任负责实施教学和检查课程教学进度，开展教学研究和教学改革。任课教师根据所承担的教学任务参加相应教研室的教研活动。

学校应该按照教学建设、实践教学、教学研究与改革、质量评估、学生学籍分类进行管理，制定和完善各项管理规定、规范、实施细则和工作流程等，使规章制度文件成为一切工作的指导纲领。

第四章 计算机教学的主体参与理念

第一节 主体参与的含义

一、参与与主体参与

（一）参与

参与在《现代汉语词典》中的解释是"参加（事物的计划、讨论、处理）"，而学生的"参与"又称学生的"介入"，是反映"学生在与学业有关的活动中投入生理和心理能量"的状态变量。

学者吴也显认为"参与"有两层意义：一是教师和学生以平等的身份参与教学活动，他们共同讨论、共同解决问题；二是教学作为社会活动的一部分，参与到整个社会生活中去。

参与意味着介入、投入、卷入、侵入，是主体对活动的能动性作用过程，是能力和倾向的统一。它是共在的人在活动中的一种倾向性作用过程，是能力和倾向性表现行为。所谓"共在"，是指两个以上的个体或集体。"倾向性"包括心理和行为两方面。被动的参与，虽然参与者在心理上缺乏倾向性，但在行为上却有一定的倾向性，否则就不会形成参与。"表现"在形式上包括内隐性与外显性两方面，如在课堂上学生的思维随着教师的讲述转动就是内隐性参与，而课外活动就是一种外显性参与。参与的过程形式是"人—活动—人"，也可能是"人—人—活动"，但如果是"人—活动"的话，就不构成参与，只是个体的活动。由此可见，参与是产生社会性（相对于个体而言）活动的前提。参与是人们发展、表现自己的重要途径，是人基本的精神需要之一。参与是合作、交往的必要条件，但并非所有的参与都是合作或交往。合作或交往的人必然是主体，但参与的人并不一定是主体（严格意义上的主体），"参与并不一定是主体参与"使"主体参与"这一概念的存在成为必要。

从发生学的角度来看，参与源于人的生存需要。有学者认为，单个主体在自然面前是无能为力的。一方面单个主体无法完成种族的延续，另一方面单个主体也战胜不了大自然的破坏性侵袭，只有通过男女之间的结合以及建立在这种结合基础上的群体关系，才能以整体的力量与自然威胁相抗衡。[①]把人的本质理解为一切社会关系的总和，表明马克思已经不再从人的"自身"而是从人所参与的客观社会关系规定人的本质了。[②]人的本质不存在于孤立的个体，而存在于社会关系中。[③]自从有了人类社会，个体的人以参与方式发挥着自己对社会的作用，社会形态的演变、发展都是人们参与的结果。因此，从社会学的角度看，参与是氏族、部落、家庭、社会、民族、国家等形式的基本前提，是以交往为核心的社会关系形成的基础，正是有参与才形成了强大的社会合力。社会文明是过去的人和现在的人参与创造的结果，每个人都通过参与这种方式把自己的聪明才智贡献给了社会，转化成了文明的一部分；同时，社会文化的传播也离不开人的参与，传播本身就是主体间的符号交流，这种以参与为基础的交流使物化的文化形态活化了、发展了。因此，从文化学的角度来看，人类的一切文明成果都是人们直接或间接参与的结果。人们都有交往的、表现的、获得尊重的需要，这些需要的满足都必须通过参与来实现。不参与，交往是无法进行的；不参与，社会活动中的表现是没有前提的；不参与，个体也无法创造赢得人们尊重的条件。人们对活动的兴趣、动机以及自身的能力也是在参与中培养起来的。所以，从心理学的角度看，参与是人们满足自身生存、发展、表现欲望的基本途径；从教育学的角度看，参与是形成师生关系的前提，是创造教学活动的行为基础，没有师生关系、教学活动，一切教育、教学都将是抽象的。

（二）主体参与

主体参与是人作为主体而发出的参与行为。教学中的主体参与是学生对教学行为的参与，是他们与教师教学的共时性合作，也是他们用饱满的情绪支持与创造教学活动的过程。主体参与反映了学生对活动的正向态度，是对活动"属我"的认同，利于发挥能动性作用。主体参与是学生生命力在教学中的体现，是教学民主的实际践行。以下从四个方面谈谈主体参与。

---

① 王升. 主体参与型教学探索 [M]. 北京：教育科学出版社，2003.
② 同上.
③ 同上.

首先，从前行为的角度来看，主体参与是一种现代教学理念，它是主体教育的宏观理论在中观和微观层面的一种演绎，是进行教学设计与教学创造的指导思想。如果我们仅仅在策略与特点的层面上理解主体参与，就难免过于狭隘。

其次，从教师的角度来看，主体参与是一种教学策略。主体参与教学提出了四个基本策略，即主体参与、合作学习、体验成功、差异发展。主体参与是其他几个策略的基础，处于关键地位。主体参与是合作学习的前提，没有个体学生的主体参与，就没有主体间的合作学习；任何个体的成功都是在实际的参与过程中取得的，没有主体参与就没有成功，也就没有成功的体验；差异发展是以个性发展为实质的，被动参与、片面参与不可能产生个性化发展，自主的、能动的、创造性的参与是差异发展的重要保证。

再次，从教学表现的角度来看，主体参与是一种教学特点，是现代教学的一个醒目标志。无论中外，现代教学都是学生的主体参与程度由弱变强的一个过程。主体参与是现代教学的本质内涵。

最后，从学生的角度来看，主体参与是教学中的一种行为。所谓主体参与就是在现代教育理论的指导下，师生双方进入教学活动，自主、创造性地完成教学任务的一种倾向性表现行为。学生主体参与教学实质上是在教学中解放学生，使他们在一定的自为性活动中获得主体性的发展。

二、主体参与的构成要素

人要成为主体，就必须形成合理的主体结构。构成主体结构的要素主要有主体意识、主体精神、主体能力以及主体行为。

主体意识是对人本身的本体论、价值论的一种意识。从个体的角度而言，主体意识就是对人的地位、人的价值与尊严、人的需要的意识。树立主体意识就意味着对自我进行认识与把握，意味着对人生价值目标进行规划与追求。学生在参加主体参与教学时，有一些认识成分直接参与对活动和自身参与行为的调控，对活动的改变和自身参与行为进行思考，并为它们确立运动方向进程。在主体性生成方面，人们特别重视实践的生成机制。人的存在源于实践，人的自我意识、社会性需要都是由实践产生的。①

主体精神是由观念、价值、信仰、情感、动机、意志等因素组成的主体的人

---

① 王升. 主体参与型教学探索 [M]. 北京：教育科学出版社，2003.

格特征。这个问题早在 20 世纪 80 年代就引起了我国哲学界的关注，成为一个研究的热点，但当时主要局限在理论探讨上。随着市场经济的建立，主体精神的问题逐渐渗透到社会生活的各个方面。

主体能力是主体成为主体的重要保证。人要成为自然界、社会以及自身的主体，首先必须提高自己各方面的能力，在主体能力具备之前，人只有潜在的主体性，而非现实的主体性。

主体行为是主体地位的具体表现，主体意识、主体精神、主体能力最终要落实到主体行为之中。

主体参与就是在一定的主体意识、主体精神、主体能力的前提下，进行着认识活动和实践活动的人的行为。只有当人成为主体时，人的参与才能成为主体参与；要产生主体参与行为，行为的发出者必须是遇事遇物的主体。只有在教学中确立学生的主体地位，使之具有主体意识、主体精神和主体能力时，他们在教学活动中的倾向性行为才会成为一种主体参与。

三、主体参与教学

主体参与教学是以主体教育思想为指导，教师采取各种教学措施调动学生的积极性、主动性和创造性，使全体学生积极主动地投身到教学过程中，实现自主学习、掌握知识、发展能力、促进主体性发展的教学方法。主体参与教学包括"四个为主"和"四个注重"。四个为主是指教材以自学为主、课堂以讨论为主、作业以案例为主、考评以平时为主。四个注重是指注重投入、注重参与、注重个性、注重创造。这种教学的特点是课堂不再是教师统一天下，教学不再是单向沟通，教学内容不再是"普遍真理"和"绝对真理"，备课和作业不再是师生各自的专利，教师和学生的认识不再"如出一辙"，不再有"教师忙平时，学生忙期末"的教学现象。这种教学方法是学生通过一门课程的学习，脑子里"长出"了一些东西，而不是"放进"了一些东西。"放进去"的东西是可以拿出来的，而"长出来"的东西是取不走的。

主体参与教学是培养创造性人才重要的教学方法，概括起来它有两个基本特点。在教学设计思路方面，变原有教学方法将教师作为唯一的教学出发点为将教师、学生共同作为教学出发点，因而需要在设计教师教学环节时同步设计学生学习活动诸环节；变原有教学方法将传授知识、技能作为唯一教学任务为将在传授知识、技能过程中培养学生的主体意识与能力作为全面教学任务；变原有教学方法过多强调教师在教学活动中"燃尽自己，照亮别人"的片面价值观为同时作为生命主体的教师和学生在教学活动中获得同步发展的整体价值观。在教学组织机制和组织形式方面，变原有教学方法将教师作为教与学的唯一动力为将教师、学生同时作为教与学的动力，共同推动教与学活动向前发展；变原有教学方法的教师作为教与学活动的第一主角为学生作为第一主角，并成为课堂学习活动的主体，而教师只需积极主动发挥导演、辅导、指导作用；变原有教学方法只关注课堂教学、提高学习质量为同时关注提高生命主体的发展质量。这种教学方法通过强化指导预习，促使课堂学习过程前移，可以产生三个"有利于"的效果：其一，有利于学生作为学习的主体提早进入学习过程；其二，有利于学生带着思考的头脑，有准备地进入课堂学习过程；其三，从根本上提高课堂教学效率和质量。

第二节　主体参与的教学原则

一、以学生为主体的原则

（一）以学生为主体原则的内涵

人按其本性而言，有一种追求真理的热情和渴望。在本性的作用下，人不仅致力于对包括自己在内的客观世界进行无休止的探索，而且经常把求知的兴趣指向自身，通过一般劳动对客观世界和本身起支配作用。这就足以证明，人不仅是主体，而且是客体。[①] 说人是主体，是相对于一定的客观对象而言的；说人是客体，是相对于人自身而言的。所以说人既是客观对象的主体，也是其自身的主体。说人是自己的主体，是因为人能把自己转化为自己的客体，做自己的主人。主体的实现过程是人把自身的认知、情感、能力作用于对象之中，使其物质化，再使物质化的对象作用于人本身，满足人的需要和产生新的需要，使主体的认知、情感和能力得到再创造，实现主体自身的自我实现，这也是一切实践活动的终极目的。对此，我们可以这样理解：学生主体的实现，是通过其自身的努力，将自己的精神、态度、方法、知识与技能作用于外界，获得相应的成功，并作用于其本身，进入螺旋式上升的高一级环节，在生存与发展质量方面得到提升。也只有在这种双重的运动中，人才实现为人。所以，从这个角度来说，使学生作为人的主

---

① 王策三. 教学论稿 [M]. 北京：人民教育出版社，1985.

体性得以实现是教育的终极目的。人的主体性的实现过程就是人的价值的实现过程，是学生获得可持续发展的原动力，是教育要解决的根本问题。

以学生为主体的教学原则有两方面的内容。

第一，教学过程中要尊重学生的主体地位，教学目标、教学的指导思想、教学内容、教学方法都要围绕其进行。

第二，要把学生的培养指向社会，从大学生毕业后需要扮演的社会角色的角度，即从实现学生主体性的高度出发来进行教学，使他们的认知、情感和能力能够有效作用于社会实践，物化于实践对象，并反过来作用于其自身，使其人生价值得以实现，不断产生新的需要、动力，使其主体化的程度不断深化，实现可持续的发展。当然，学生主体作用的发挥，必须在社会道德、伦理、法律的框架内进行。

以学生为主体的教学原则具体体现在以下四个方面。

第一，自主学习。懂得自身的责任，明确学习目的，认清学习的作用，掌握学习规律，制订学习计划，克服学习中的困难，培养和充分发挥学习能力。

第二，自为学习。在学习过程中，学会处理好各种与之相关的关系，为现在的学习和将来的社会生活创造良好的外部环境。

第三，自觉学习。掌握自我调节、自我控制、自我支配、自我激励的能力，养成良好的学习习惯。

第四，自由学习。使所学的知识、技能在社会生活中充分发挥作用，展示才干，获得更大的学习动力，使自身才干具有更大的发挥空间。

（二）主体参与教学强调以学生为主体原则的原因

主体参与教学本着使学生具有可持续发展的能力的目的，以适应不断发展的社会对人的要求，同时减少之前应试教育带来的不利影响，强调在教学过程中尊重学生的主体地位，强调在其本性当中存在的对真理的追求和渴望具有合理性、科学性和自觉性。因此，主体参与教学强调以学生为主体的教学原则具有重要的历史和现实意义。

主体参与教学所追求的教学目标从广义上讲是让学生学会学习、沟通、生存，让学生在自身的学习、生活过程中处于主宰地位，获得可持续发展的能力，符合人的本质特点。这一目标必须从人的本性出发，即必须尊重学生的主体性才能实现。所以，学校教育必须强调以学生为主体的教学原则。

主体性是一个哲学概念，是人的本质属性，是人的本性中存在的对于追求真理的热情和渴望的特质外在而能动的反映。人类进入现代文明阶段正是由人类的这种本性所推动的。之所以说主体性是人的本质属性，是因为任何人都不可能脱离三种关系而存在：与自然界的关系、与他人的关系及与自身的关系。人在这三种关系中都处于主体地位。

主体性是人生来就有的，但处于潜藏状态。传统的讲授法教学以传授和灌输知识为主要职能，以学生接受知识并运用知识通过考试为目的，主体性的发挥更多地体现出自发的特点。主体参与教学突破了传统的讲授法教学的局限性，以培养学生的主体性为主要教育职能和目的，使其成为人的自觉行动，使学生能够自主、自为、自觉、自由地学习与生活，使人获得可持续发展的能力。因此，主体参与教学强调以学生为主体的教学原则。

主体参与教学体现了学生主体性的原则。这一原则提示我们，在培养学生的过程中必须突破传统教学中以传授知识通过考试为目的，以"教师为中心，以教材为中心，以课堂为中心"的教学模式。在主体参与教学过程中教师的主导作用由过去的"显性"退为"隐性"，而更加突出学生的主体地位，以实现教学目标为手段，以培养学生的主体性，激发内在的、人类固有的对真理的热情和渴望为目的进行教学。这样做的优点在于将教育直接作用于人的本质属性。

（三）以学生为主体原则的实施策略

1.设立三元教学目标

主体参与教学的教学目标是认知、情感、能力"三元目标"，其目的是使学生在价值上认同教学内容，产生对学习的渴望，在能力上掌握、运用教学内容，培养发散思维。

2.确立三个课堂的教学形式

按教学计划在教室中进行集中授课为第一课堂，课前、课后为第二课堂，社会实践为第三课堂。教师把教学内容以问题的形式提前布置给学生，让学生在第二课堂进行充分的准备，按计划将准备内容拿到第一课堂中进行交流与展示，让学生在这一过程中进行学习，教师只根据学生交流与展示的情况进行点评、引导和启发，让学生充分发挥主体性。第三课堂作为学生社会实践的场所，让学生通过参观实习、实训和实践活动来加深对知识的理解，提高学生运用知识解决实际问题能力的水平。实施三个课堂的教学，就是让学生的学习和实践能力充分地发挥出来，保证学生的主体地位贯穿学校教育的全过程。

3. 充分重视学生对已有的知识、经验及技能的运用

主体性的实现，在于人通过劳动，将知识、经验、技能作用于客观事物，并最终作用于人本身，使人的生存与生活质量得以改善。学生的学习可以说是一种特殊劳动，所学的知识、经验、技能必须通过运用才有价值，学习的能力只有在运用过程中才能得到提高。基础教育重视知识的掌握，在高等教育阶段就特别强调知识、经验与技能的运用，因此，教师在教学过程中，要注意让学生把自己的知识、经验、技能在学习中运用出来，从而促进自身学习质量不断提高，在学习中产生自信心和成就感。这就是学生在学习过程中主体性的实现过程，也就是主体参与教学强调的主体性原则实施的一般性过程。

二、面向全体学生的原则

（一）面向全体学生原则的内涵

面向全体学生也就是面向每一个学生，要为每一个学生创造参与的条件、提供参与的机会，要培养每一个学生参与的意识、习得参与的能力，使课堂成为学生展示课下准备情况的舞台，使每个学生的主体性都有发展的条件和可能。在三个课堂的教学中为每一个学生创造和提供公平的适合接受知识、展示自身成就和发表见解的学习条件和机会。

（二）实施面向全体学生原则的原因

1. 这一原则体现了教育的公平性

受教育是每个公民的权利，无论是在基础教育还是在高等教育阶段，每个学生都是受教育的对象，都是掌握知识的主体，学校都有责任为他们提供一个平等的学习机会。追求公平的教育也是现代教育的一个特征，因此，在学校的教学管理中要体现这一原则，在教学过程中教师的教学设计也要充分考虑这一点。

2. 这一原则是学生的主观需要与社会对人的客观需要

就教学效果来讲，这一原则使每一个学生都有接受教师与同学点拨并和他们进行交流的机会，这样做的针对性要更强，也体现了教学中普遍强调的因材施教的原则。就学生而言，每个人的学习情况都有其特殊性，对其特殊性的关照程度与学生学习效果有着紧密的联系。所以，作为体现满足时代对培养学生需要的主体参与教学，就必须体现这一原则。

3.这一原则是由学生的差异性决定的

多元智能理论告诉我们，人的智能的表现形式是不同的，并且同一种智能在不同人身上的表现也是不同的。主体参与教学基于这一理论，承认并尊重学生间不同的及相同的能力的差异，并按这种差异去设计教学，这是与讲授法教学的统一教材、统一时间、统一听课、统一考核的重要区别。

4.这一原则是市场经济条件下大学生就业的需要

现阶段市场经济条件下，高等学校毕业生的就业在很大程度上需要学生独自作战，由自己去敲开用人单位的大门，自主接受用人单位的试用。这就对学生的个人能力提出了更高的要求，因此需要有面向全体学生原则来保障学生满足这一要求。

5.主体参与教学为这一原则的实施创造了条件

主体参与教学要求学生组成团队学习小组，人数最好控制在10人以内。针对教师布置的学习任务，学生要先在组内进行充分的交流，每个人都要谈自己的见解，并展开充分的讨论、辩论甚至争论，让思维充分活跃起来，最后成效要体现在课题节奏的把握以及对学生展示与交流的点评、引导和启发方面，并要求学生在课后根据课堂上的展示与交流再写出一份书面报告，前后对比，可以得到更新的收获。总之，教师要发挥"导演"的作用，既是课堂的灵魂，又不大块占用课堂时间。

6.这一原则注重培养学生良好的学习态度

第一，学生在参与过程中要态度严谨、刻苦钻研。将知识的原理及内在的逻辑结构搞清楚，并大胆提出自己的见解，锻炼严谨的思维能力及流畅的表达能力。第二，学生在参与的过程中要学会尊重别人。主要表现为：能够认真倾听别人的意见，接受中肯的批评建议；恰当地表述自己的观点，宽容不同的意见；从逻辑体系上指出对方缺点，以理服人。第三，学生应在参与过程中加深与同学的感情。在交流过程中要学会及时发现、及时肯定同学的优点，对同学发表的见解给予良性评价，不足之处要善意指出，以诚感人，加深与同学的感情，为现在的学习和将来的生活营造良好的人际关系环境。教师要为学生创设有利于学习的风气，提供相应的学习条件，经常深入学生小组当中了解学生参与的情况，培养学生习得参与的方法，及时发现和纠正学生参与过程中存在的问题，促进学生形成良好的参与习惯。

学校应为学生提供多种展示个人才能的舞台。例如，开展第二课堂、举办丰富多彩的各种文体活动、提供各种实验场所，在高校成立各种社团及在校内外举办各种学术交流活动等，为学生提供更适合参与的学习环境和条件。

三、培养学生能力的原则

（一）培养学生能力原则的内涵

教育的结果是培养出具有各种能力的人，他们必须具有解决问题的能力、学习能力、良好的沟通能力、和谐发展的能力、良好的创造能力、良好的市场竞争能力、调整目标和动机的能力、内省能力等。这就是主体参与教学培养学生能力的内涵，绝不是传统的讲授法教学所能实现的。这一原则是将学生置于社会大系统中加以考虑的。

（二）培养学生能力原则的实施策略

1. 承认学生的潜能

多元智能理论强调人主要的八种智能，但我们必须认识到，在人受教育前，其不同智能是不同程度地潜藏着的，必须通过教育手段将其挖掘出来。这也是受教育程度高的劳动者的工作质量和工作效率相对而言较高的根本原因。这是培养学生能力的重要前提。

2. 在教学过程中着力于学生潜能的挖掘

要创造各种有利于挖掘学生潜能的条件，让每一个学生都充分地"动"起来。如果让学生对教学进行事先的准备，就涉及学生的言语逻辑智能、自然观察智能、人际关系智能、自我反省智能等多种智能，这些智能的综合运用就体现出学习能力、应用能力、与人交往的能力，并最终形成可持续发展的能力。这里必须说明的是，潜能的挖掘是根据不同学生的具体情况而言的，具有个体特征，要因材施教，绝非各种智能的齐头并进，必须承认学生间能力的差异性。

四、教法与学法统一的原则

（一）教法与学法统一原则的内涵

这一原则是指在教学过程中，教师教学的重点是通过知识与技能的传授让学生掌握学习方法，学生学习的重点也是通过知识与技能的学习而掌握学习方法。

教与学的着重点都在方法方面，并且相互统一，突破了传统的讲授法教学中教与学两条线的旧模式。这一原则特别要求教师不仅进行知识的传授，更重要的是通过知识、技能的传授，让学生掌握学习的方法，为学生能够自主学习、学会发现问题和解决问题打下基础，这也是让学生能够在工作岗位上独当一面、发挥重要作用的先决条件。

教育的目标一般分为四个层次：一是知识层面的教育，使学生掌握一定量的知识；二是方法层面的教育，教会学生学习的方法、做事的方法和沟通的方法；三是态度层面的教育，态度是个人对他人、事物的较持久的肯定或否定的内在反应倾向，对人的行为具有重要的决定作用；四是精神层面的教育，让学生养成废寝忘食的钻研精神、不畏权威的创新精神等。[①] 精神是人的动力源泉，而知识相对而言是最低层次的。

传统的讲授法教学体现了教师本位，其教学特点是"我讲，你听；我问，你答；我写，你抄"。以教代学，教师的头脑代替了学生的头脑，把教学变成了以教师活动为主的"单边活动"，造成了教与学两条线的情况，学生除按教师的要求进行学习外，不会自主学习，不会解决实际问题，不能适应工作岗位的要求。出现这一情况的主要原因是把教学的重点放在了传授知识这一教育目的的最低层次。由于忽视了学生学习方法的习得，到达其他层面是非常困难的。实施主体参与教学的目的就在于突破讲授法教学的局限性，它通过教师的引导和学生的积极参与，使学生从中获得学习的方法、形成严谨的学习态度和探索精神，以实现主体性培养。

（二）教法与学法统一原则的实施策略

1.先让学生解决问题

教师把教学内容以问题的形式提前交给学生进行解决，而解决问题的过程就是运用方法的过程。在这一过程中，学生要通过查阅资料、实验、调查、讨论等方式掌握问题的脉络，及时形成文字材料，并与同学进行交流；教师要与学生及时进行沟通，了解其进展情况，在方法方面及时加以指导、肯定、纠正、引导与启发，对其创造性地解决问题的做法及时鼓励，在考核的分值上加以倾斜。教师可以将这一过程多重复几次，加深学生的印象。

---

① 王升. 主体参与型教学探索 [M]. 北京：教育科学出版社，2003.

2. 加强实践环节训练，让学生在解决实际问题中加深体会

第一，教师教的知识、技能、方法要让学生用得上，如要在作业、撰写论文与报告中用得上，便于学习方法的掌握和巩固；第二，创造条件让学生参加社会实践活动、实习、实训，让学生有用武之地，这有利于学生实现对方法的巩固、产生对方法的渴望。在活动结束之后，要让学生撰写研究报告、心得体会等材料，并与教师、同学进行交流，取长补短，进行理论的升华。这样让学生处于不断的"学习—实践—总结—再学习—再实践—再总结"的过程之中，使其将掌握的学习方法不断运用于解决实际问题中，强化意识，熟练过程，再内化为本质。

3. 通过教学评估、测评等方式提高教师对学生参与的重视程度

将学生在参与过程中的表现情况列为成绩考核的重要指标，如小组内的发言情况，撰写的文章、报告以及进行的社会调查等的数量、深度与开创性等方面；采用提问题、出考题等方式进行考核，让学生积极参与；用抽签口答的方式对参与程度不高的学生进行考核等。

五、师生互动的原则

（一）师生互动原则的内涵

师生互动原则就是指在主体参与教学中，教师通过引导或是设置情境，激发学生的学习热情，使其积极参与教学全过程的原则。在这一过程中，师生为探究某一问题而进行对话。在对话过程中，师生各自凭借自己的经验，用自己独特的精神表现方式，通过心灵的沟通、意见的交流、思想的碰撞，实现知识的共同拥有与个性的全面发展。具体地说，互动式教学使学生能与教师面对面地交换见解，使双方都能得到检验，做到教学相长。在互动式教学下，课堂不再是教师"唱独角戏"的舞台，不再是学生等待"满堂灌"的知识接受站，而是充满生机活力的广阔天地，是精神焕发、创意生成的智慧沃土。在这一过程中，师生双方可以对自己的知识经验、学习态度、逻辑思维、言语表达能力、团结协作精神等进行检验，有利于自信心的产生。

师生间和生生间的交往与合作是教学的本质属性。师生间的交往与合作不只是知识的传递，而是有着共同话题的对话。学生与教师的对话，也就是互动。在教学过程中起主导作用的教师，要尊重和满足学生对发展的追求，尊重学生的发展规律，采取互动式教学。

（二）师生互动原则的实施策略

1.教师要围绕教学内容设置与学生进行对话的共同话题

这个话题可事先告知学生，让学生有所准备；也可以在课堂上提出来，引发学生的思考，激发学生的参与兴趣，这些都是锻炼学生思维能力的必要手段。这个话题可以是有代表性的案例，也可以是某一个重点、难点、热点问题。教师要事先说明规则和要求，鼓励学生从多个角度发表见解，多渠道解决问题，并勇于发表与教师的不同意见，但要立论有据。

2.在对话中教师要发挥主导作用

这一原则的实施重点要放在启发学生发表各自的见解和对问题进行更进一步的思索上。教师可以对学生提出问题，也可以让学生发表自己的见解。在这一过程中，教师要认真倾听，以进一步启发为目的，以共同研究的态度对待学生的见解，从逻辑的严密性、论据的合理性、知识的准确性、结论的创新性等方面加以把握、纠正、训练、启发和引导，把学生的思路引向深处，鼓励学生在此基础上进一步研究。对学生表现出的学习能力、研究能力、表达能力、协作能力等要积极肯定、引导，使之感受到教师和同学的期待，产生强劲的学习动力。教师也要发表自己的看法，但要从平等的角度出发，说明论据，与学生进行交流。教师对学生要充分尊重，对学生指出的不足之处要诚恳地接受、对学生的高明之处要给予积极的鼓励。在观点交流过程中，师生双方可进行讨论、辩论，甚至是争论，从中让学生体会到自身的价值、能力，产生信心，学会交流，养成民主、严谨、求实的学风。

3.进行师生互动的主要措施

①强调概念的把握和运用。概念是关于客观现实的同类事物的稳定的、一般的、本质特征的反映。这里的概念也包括实践的操作规则。概念是构成各门学科的基础，所以，各门学科教学最重要的任务之一，就是帮助学生掌握新的概念，或者使他们过去所掌握的概念明确化和精确化。因此，在互动过程中教师要强调学生对概念把握的准确性。准确把握概念，一是指对所学概念的把握要准确和精确，二是指通过互动式教学引导学生准确掌握新概念。在此基础上，引导学生灵活地运用概念，建立概念间的联系，认识学科的内在逻辑关系，并不断掌握新的概念。运用概念是指把已经概括了的一般性的东西，应用到个别的特殊场合，用以解决实际问题。运用概念实际是概念、知识（一般的原理、方法、规律）的具

体化，而概念的每一次具体化都会使对知识要领的掌握进一步丰富和深化，实现更全面、更深刻的理解和掌握。运用概念的具体表现之一是通过运用概念组成判断和推理：概念与概念的联系构成判断；判断与判断的联系构成新的判断，即推理。

②注重激发学生创造性思维。教师学术的权威性主要体现在学科专业领域内，而在专业领域外，学生团体优势要高于教师，这是由学生的人数优势、媒体的广泛传播、知识总量的增加、知识更新的速度及学生对新知识的吸纳能力等一系列因素造成的。在这种情况下，学生会根据自己的认识，提出大量标新立异的问题、见解和解决问题的思路与方法，在很大程度上超出教师的知识范围，这点在高等学校表现得比较突出。对此教师要给以肯定和鼓励，但要在思想性、逻辑性方面加以要求和指导。在一些实践场合，对于操作规程要严格要求，对于学生发明的新的方法创造新的规程，只要合理、合法就应积极鼓励、尽量采纳。

③引导学生善于总结。总结的过程就是分析、综合的过程。在课堂教学结束之前，要让学生先于教师进行总结，这也是对学生思维活动的一个极好的锻炼。总结一般先从分析入手，将不同和相同的观点、看法一一列出，之后进行综合、概括，再得出结论，这既是学生思维能力的表现，也是对其思维能力的锻炼。学生之间可互相进行点评、补充和指正。之后教师再进行总结、点评，并征求学生的意见，若课堂时间不够可以以作业形式留给学生，以互动形式结束课堂教学。这一做法的主要目的在于培养学生严谨的逻辑思维能力和勇于挑战权威的创新精神。

第三节　主体参与的教学策略

一、合理安排教学活动

（一）策略理念

马克思认为，离开劳动过程，人无以表现自己的主体性；离开劳动产品，人无法确证自己的本质力量；离开劳动，人无法肯定自己的主体地位。人的主体性总是在人的本质力量对象化、具体化的过程中体现出来，离开了劳动、活动、实践，人的主体性就失去了对象化、具体化的可能。

长期以来，我国教学理论受赫尔巴特主义的影响颇深，其研究范式局限于"目的—手段—方法"的基本框架。这一范式的理论基础是经典认识论，属于"主体—客体"两极认识论的范畴。这种范式把教与学的关系演绎、简化成了主客体之间的关系，表面上看，它很重视人，但实质上人在此变成了手段，成了认识客体制约的对象。基于这种两极认识论范式的缺陷，皮亚杰把活动引进认识论当中，就使活动成为主体与客体的一个中介。我国的教学论近十年来非常重视教学活动的研究，但在实际的教学当中，教学活动出现了片面性和被动性的弊端，究其原因主要是我们对活动的现实化机制缺乏明确的认识。

要理解活动系统运行的现实过程，必须首先把考察活动的两个不同质的方面抽象出来。第一个方面是机制的现实化，这些机制促进、规划和实现着行动主体的能动性；第二个方面是区分这些主体的定向努力的各个完整部分（相对的活动领域）。① 我们研究教学活动，就必须研究它的现实化的机制及其内在机理，活动机制的现实化是保证活动开展的关键。人的活动是有层次的，主要有社会活动与个人活动之分。主体参与是实现社会层次的活动向个人层次的活动转换的有效机制，不实现这种转换，社会层次的活动将是抽象的、空洞的。主体参与是活动系统的操作环节。主体参与是活动之所以成为活动的前提性行为，是因为没有个体学生的主体参与，教学活动就永远只是主体以外的其他主体的活动。因而，主体参与是活动的起点，是活动实现对学生发展的要素，是活动过程个体化、个性化的行为。活动是主体参与"消费"，活动在体现与完成主体参与的同时，也产生着参与活动的主体，就像没有生产就没有消费一样，没有主体参与就没有活动，没有活动就没有主体参与。

近年来，认识论强调从微观的角度进一步探究人类认识的有效机制。以上观点肯定了活动的主体性生成功能，但它们忽视了活动发生的机制。在"主体—参与—活动"框架中，参与成了主体与活动之间的一个中间项，是活动产生的前提，因此，认识发生的原始性机制应该是主体参与。主体参与能够从更微观的角度进一步揭示教学认识的内在结构。人的发展必须通过自己的主观能动性来实现，如果学生在活动中处于被动状态，他们就不会通过活动实现自己的发展。正是在活动中，学生逐渐把教材所反映的人类文化精华转化成自己的精神财富，又通过活动参与，表现出自己的能力。

教学不是简单的教与学两个行为的组合，它里面存在着一定的达成目标的机

---

① 王升. 主体参与型教学探索 [M]. 北京：教育科学出版社，2003.

制。学生居于教与学的中间，是教与学责任的承担者和结果的体现者。他们通过自己的主体参与实现教学活动内化与外化的统一，从而达到发展自己的目的。这就出现了教学过程完成的"双机制"，即参与是实现活动的机制，活动是实现发展的机制。从先后顺序来看，主体参与是教学的始源性机制。只有当两个教学机制都正常发挥作用时，教学才能很好地实现其对学生的发展。我们只有突出强调学生的主体参与，才能使教学活动成为学生自己的活动，从而让学生达到发展自己的目的。

主体参与与活动有着非常密切的联系，活动是它的目的、对象与内容，离开了活动就谈不上主体参与，它昭示着人在活动中的能动性、自为性。活动不会自动产生在主体面前，正是人的主体参与才使活动成为活动，成为展示人、发展人的重要途径。主体参与强调学生对活动的亲自性、卷入性，它表征着学生个体对教学活动的一种态度与方式。主体参与是对活动的创造、预演，它决定着活动的方向、性质以及结果，使活动具有较强的建构性。参与是前提，决定着活动的始发；参与是过程，决定着活动的质量。主体参与教学所提倡的就是建立在主体参与基础上的活动，以及建立在活动基础上的发展。

（二）具体教学策略

1. 重视教学活动的准备（第二课堂的活动）

教学活动的准备包括活动的设计、活动素材的搜集、活动条件的创造以及对问题的探索。在教学设计中，教师要尊重学生的意见，甚至要与学生一起设计教学活动。在"教师与学生在认知上平等，强调长辈向晚辈学习"这种理念越来越占优势的今天，教学活动的准备应当是教师与学生共同的责任与义务。然而，我们在这里强调的准备更多的是指让学生做好准备。第二课堂的活动是主体参与教学活动中非常重要的成分，学生的主体性、自主性、创造性也大都在此过程中得以培养，在此过程中学生对问题产生探究的欲望，在探究活动中激发出他们探究的热情，让他们体验到探究的乐趣，在小组合作学习及小组集体备课中体验到集体智慧的强大，体会到合作的力量。主体参与教学的效果如何、学生对知识的掌握程度如何、主体参与的程度如何、学生主体性的表现情况如何，尤其是学生的自主学习的意识和自主学习的能力都可以在第二课堂的活动中反映出来。然而在实施主体参与教学过程中，此环节最容易被教师忽视，也最容易出现问题，如教师对环节的了解不够，不能及时了解学生参与的程度，小组合作的情况，集体备课中学生对哪些知识明确了、哪些知识尚不清楚，学生课前备课形成的文字材料的质量等；设置的问题不合适，没有层次，或者问题过难，使有些学生对问题不能理解，从而失去参与活动的兴趣，或者设置的问题过于简单，使学得好的学生觉得没有挑战性，从而也会失去参与活动的兴趣；还可能存在个别学生学习的自主性不强，离开教师的监督，学生的思维、情感就游离于活动之外的情况。如果课前的准备不充分，第一课堂的课上展示及总结升华的参与活动就不能很好地完成，那么学生的主体性、自主性、创造性的培养只能是"纸上谈兵"，主体参与教学也只会流于形式。所以关注第二课堂的活动情况是教学策略中非常重要的一部分。值得提出的是，重视教学活动的准备，关注第二课堂并不是让教师主宰课前准备活动，而是要求教师仍然退到幕后起指导和协作的作用，教师是合作者而不是指挥者，是合作的伙伴而不是指挥的将领。要重视学生对教学设计的思考，激发他们的潜能，肯定他们的创造性，在协作中对学生的意见和设想不要随意下判断，也不要评价他们的价值观，延迟评价会使学生毫无顾虑地表达自己的看法，满足学生被教师和同学接纳的需要，使他们的自主性和创造性得到充分的培养和发挥。

2. 把学生的个体活动与小组活动、班级活动结合起来

个体活动、小组活动、班级活动这几种教学组织形式在学生发展方面各有优势和不足，要取长补短，就要在教学中将它们结合起来使用。课前的小组合作学习、集体备课就是将个体活动与小组活动结合起来；第一课堂的展示、讨论和发言就是将个体活动、小组活动与班级活动结合起来。我们要求课题组实验教师在实验之初，首先做到在形式上保证学生的几种活动相结合，从形式上保证学生的主体参与，虽然有些教师感觉有点形式主义，但随着实验的推进，教师普遍认为，利用多种教学形式对学生的发展的确是有好处的。因为形式是为内容服务的，当某种思想、意识还没有形成，还不能支配人的行为的时候，先有了形式上的行为活动，不久便可以内化为人的某种思想和意识。

3. 将第一课堂活动、第二课堂活动与第三课堂活动结合起来

人的能力不是单一的，活动的类型也应是多种多样的。第一课堂活动、第二课堂活动、第三课堂活动都可以培养学生的自主能力、创造能力、学习能力、合作能力、沟通能力等。然而从知识、材料占有的角度而言，第一课堂活动、第二课堂活动的过程主要是获得理论知识的过程，而第三课堂则是将在第一课堂活动、第二课堂活动中获得的理论知识应用到实践领域解决实际问题，使获得的理论知识在实践中得到检验，并指导实践活动，从实践再回到理论，使理论得到升

华的过程。这种"理论—实践—再理论—再实践"的过程使学生掌握知识更完整、深刻、真实，更重要的是培养了学生的实践能力、动手操作能力、灵活应用知识解决实际问题的能力、发现问题的能力、分析问题的能力、观察能力、创造能力、沟通能力、组织管理能力等。在我国大力开展职业教育，培养高素质的普通劳动者的今天，在一些高等职业院校开展第三课堂的实践、实训活动就显得格外重要。娴熟的实践技能只有在第三课堂活动中才能得到培养，学生曾获得的理论也只有经得起实践的检验才能成为真理。任何人都不能离开实践而空谈理论，那是没有意义的。

据此，课题组实验教师特别重视第三课堂活动的开展。首先，调动各种支持力量，开发校外有利的教学资源。商场、机关、企业等都可作为开展教学的主阵地。其次，教师认真调研，合理设计，充分利用，使第一课堂活动、第二课堂活动、第三课堂活动有机结合，使学生的理论知识能得到应用和检验，各种能力得到培养。最后，通过第三课堂与社会建立广泛的联系。从社会获得对学生的反馈，从市场获得培养人才的标准，给学生就业提供机会和方便。

值得提出的是，无论是第一课堂活动还是第二课堂活动，都有小组讨论的形式，讨论是主体参与教学中非常重要和使用非常多的一种生生互动、师生互动的方式。

针对教学内容进行课堂讨论，可以分小组进行，成员要轮流发言，阐明自己的意见和观点。学生的知识、观点、思想可以在讨论中得到升华，如软件工程专业要结合地方高校的办学特点及服务地方软件行业发展的需求，进行专业设置与产业需求对接、课程内容与职业标准对接、教学过程与生产过程对接，培养适应地方产业发展需要的应用型软件人才。学生讨论时教师不必限制讨论形式和课堂纪律，学生可以离开座位，也可以把一组学生的座位摆成圆形便于讨论。除小组内讨论外，还可以进行组间讨论，进行思想上的交流，讨论可采取灵活多样的方式进行。

课堂讨论作为一个学习的机会，其质量直接关系到学生的热情程度、投入程度以及参与意愿的强弱，教师的任务便是吸引所有的学生参与，保证所有的学生讨论同一个主题，并帮助他们提高对材料的洞察力。教师应注意的是要避免陷入"假讨论"的误区，即学生开口了，但并没有形成自己的观点或自我批评的立场，对整个讨论的过程和结果也没有进行思考。"假讨论"两种较为普遍的形式是智力竞赛（教师有正确的答案）和自由讨论（特点是措辞陈旧、概括空洞，漫无目的地闲聊，缺乏评判的标准）。

4. 处理好内部活动和外部活动的关系

有学者认为生命能动性的相对独立的形式主要有以下几种：通过同外部环境诸因素的相互作用和身体内部的相互作用再造机体的正常物质成分和能量；身体在外部环境空间中的运动；通过机体的肉体运动改变外部物质环境；在精神上反映外部和内部的客体，并评价它们对主体的意义；在精神上模拟主体未来的行为和主体能动性的若干套行为，以及这些行为的结果；调动和控制心理和生理能量，以便完成被模拟了的若干套能动性行为，在主观上以特殊的心理形式感受内部和外部的事件、事件对主体的影响，以及主体的能动性本身及其结果；把反映外部和内部客观属性的知识和评价外化为包括主体动作在内的物质符号系统。在这一观点中，内部活动与外部活动都是人的活动的重要表现。这两种活动其实在一种教学活动中是密不可分的，它们都是从侧面强调活动的内显的或外显的行为。例如，阅读更多是一种内部活动，但手和眼的运动也是不可少的。它们在教学中都发挥着重要的作用，没有内部活动，外部活动将是盲目的；没有外部活动，内部活动的效果将会受到一定的影响。在教学实验中，课题组实验教师达成了这样一个共识：要努力体现形式参与下的实质参与。这里的形式参与即以外部活动为核心的主体参与的组织形式，实质参与即以思维参与为核心的身心的高度投入。外部的操作性活动对内部活动的深入开展是不可缺少的辅助，内部活动为外部活动提供了理解性前提。对以直觉思维占优势的低年级的学生和形象性比较强的专业的学生而言，要特别重视外部活动的理解价值。传统教学中，学生的外部活动相对不足，知识是直接进入学生的思维体系中的，由于少了内外部活动相互协助这个环节，他们的发展受到了一定的影响。

二、建立良好的彼此相依的师生关系

（一）策略理念

美国心理学家卡尔·罗杰斯在《自由学习》一书中认为"人际关系"在教学活动中起着十分重要的作用。在他看来，所谓"关系"，在教学中实际指的是"帮助关系"，即人与人之间的相互理解、相互协调、相互支持。师生之间应彼此信任，相互依赖，共享成功的喜悦，并一起承担失败的责任。苏联教育家巴班斯基提出了一个"教育共鸣"的概念，强调教育教学活动必须以建立在合作、相互信任、相互交往的教育机制基础上的师生之间的人际关系为前提。[①] 因此，我们在

① 史根东. 主体教育概论 [M]. 北京：科学出版社，1999.

教学中应十分重视教学主体之间的关系，这是教学有效性的一个决定性因素。

人际关系是影响工作效率的重要因素，因为它总是与一定的心理反应相联系，教学中的人际关系也不例外。人际关系主要有相依性关系和对抗性关系两种。感情融洽、相互谅解的相依性关系有利于调动学生学习的积极性；反之，对抗性关系不利于学习成绩的提高。学者沃勒认为，课堂教学中的对抗是一种必然的现象。教师总是企图达到对学生的控制，而学生有可能会对教师的控制进行反抗。主体参与教学努力的方向就是不断减少教师与学生之间的对抗，使师生关系由对抗走向协调，协调成为学生主体参与的关键。如果教学中充满了对抗，学生的主体参与就要受到严重的影响。教师希望把学生当作一种材料加以雕琢，而学生希望用自己的方式自动求知。彼此相互对立，一方目标的实现就得牺牲对方的目标。学生对教师的对抗可能表现为，态度消极，不参与教师的教学活动，不举手，不回答教师的提问，不做教师布置的作业，甚至有时还公开扰乱课堂秩序。这时学生的参与几乎是一种对立性参与或破坏性参与。研究表明，出现这种现象的主要原因在于教师，如教师的教学方法单调、教学态度蛮横、教学评价欠妥、教学内容枯燥等。

有学者提出了合理交往应该具备的一些品质：是一种合作式的交往；参加交往的各方都应放弃权威，处于平等地位；真正做到民主，必须具有相互取长补短和理智相处的态度；逐步创造条件，使不带支配性的交往行为成为可能；相互传递的信息是最佳的；现在的交往将为以后的合理交往创造条件；合理交往的结果将取得一致的认识，但并非一切合理的交往都必须达成共识；等等。师生合理交往的前提是教师的非权势性，权势在这里指教师的地位性权威。教师从自己的角度和学生说话，把教育看作学生在配合自己完成任务。在这种情况下，学生就会把自己的参与认为是为教师负责，是做给教师看的，那么，他们的人格特征将是依附性的，参与教学的动机将会大大降低。师生关系在客观上是不对等的，为了师生在教学中有平等交往的资格，学生就要不断发展自我。主体间的师生关系要求教师从学生的角度，以学习者的姿态看待学生。

在实际的教学中，师生之间往往表现出四种相依状态。第一，假相依。如果教师在授课时心中并没有想着学生，只是按照自己的意愿、兴趣来上课，在这种情况下，教师和学生只是形式上的互动，实际上互不依赖，这就是假相依。假相依的另一种情形是，学生不参与教学，游离于教学之外，没有与教师进行视听互动。第二，非对称性相依，这是一种单向性互动。一方面教师自以为在根据学生的需求进行教学，但学生不能积极配合；另一方面学生对教师提出了满足自己学习愿望的某种要求，而教师对此并未给予重视。这两种情况都表现为师生的行为缺乏呼应，是单向的、非对称性的。第三，反应性相依，这是一种"单主体预想或情愿"的双向性互动，有两种情况。一是教师原本没有这方面的教学计划，但由于学生提出了要求，教师适应了学生此时的需要，改变了既定计划，对学生的现实要求给予满足。二是学生对某种活动并不想参与，只是受到教师的启发，而转向对组织活动的关注或参与。第四，彼此相依，这是一种"主体都有意愿"的双向性互动。与反应性相依不同的是教师和学生双方都有计划、有目的地根据对方和自己发展的需要进行参与活动。

师生之间要建立和谐的教学交往关系，要使教学活动富有成效，就必须尽量避免假相依、非对称性相依，使他们之间的互动关系成为彼此相依。教师在班级授课制下要与每一位学生都建立一一对应的互动关系是困难的，但还是要尽可能地运用一切教学组织形式与大部分学生建立互动关系。

教师与学生之间的关系状态基本上有两种：一种是离间的，一种是和谐的。离间的关系，即师生之间存在着较大的心理距离，有一定的心理对立、对抗。主要表现为：态度分歧，即态度很不相同，甚至完全相反；兴趣背离，教师与学生有不同的兴趣点，部分教师不善于把自己的兴趣转化为学生的兴趣；评价欠妥，教师对学生的评价不准确，主观性强，有一定的随意性。和谐关系，即师生关系协调，冲突较少，心理距离小，即使发生冲突，彼此也能很快沟通、理解。要达到师生的彼此相依，就需要和谐的而非离间的师生关系。构建和谐的师生关系的关键因素是教师。

（二）具体教学策略

1.摒弃师道尊严的传统观念，建立人人平等的师生关系

人际沟通理论中有所阐述，人际沟通包括两个层面：内容层面和关系层面。关系层面有对称的关系和不对称的关系，而师生关系一直被认为是不对称的"教师在上、学生在下"的关系，基于对这种关系的认识、传统的师道尊严观念和传统的教师的权威身份，人们（包括教师和学生本身）对教师与学生的关系界定为，教师应控制学生，学生要无条件地服从教师。在这种观念下，有些教师有强烈的操纵欲望，为了时刻保持教师的尊严，就采取各种方法，如不能接受学生的质疑、不能在学生面前表达歉意等。在这种观念下的传统教学中，教师以自己的意志主宰整个课堂，学生则很少有参与教学的权利和机会。因此，教师打破传统，让学生参与教学必然要以新教学观念为其理论背景，以对学生的亲和为基础。美国课

程学者威廉姆·多尔对教师角色的界定是"平等中的首席"，他认为教师是内在情境的领导者，而不是外在的专制者。只有当教师"走下'神圣'的讲台"，去掉颐指气使，来到学生中间，与他们融为一体时，学生的主体参与才能够发生。

课题组中有这样一位教师，按传统的教学评价标准来说，他是一位很出色的优秀教师，有事业心，有责任感，专业知识丰富、扎实，授课语言生动流畅，授课内容逻辑性强、重点突出、目标明确等，但实际上学生并不喜欢他，对他的评价一般。经过学习、实践、反思，得出导致这一结果的主要原因是他还不习惯"去掉教师的尊严"，不能做到与学生平等相处，不能建立真正的彼此相依的师生关系。下面是课题组实验教师就"师生关系"这一问题进行讨论时的对话，我们暂且将这位教师称为"甲"，其他教师顺次称为"乙""丙""丁""戊"。

甲："我认为教师就是教师，学生就是学生，因此，教师在学生面前就应该有尊严，教师和学生之间就应该有距离，教师在学生面前不能失去身份。"甲一抛出这段话语，教师之间就展开了激烈的讨论，甚至是争论。乙："我理解你所谓的教师的尊严，我也赞成教师不能在学生面前失去身份，然而，教师的尊严应该是建立在内在品质的高尚、学识的渊博上的，而不是体现在外在的形式上的；对于不失教师的身份，我的理解是教师在学生面前要为人师表，'学高为师、身正为范'，言谈举止应成为学生效仿的榜样，而不是在学生当中装出来的一种'夫子'形象。"甲："当然，我理解你所说的教师在学生心目中的形象应是来自内在的东西，也就是说让学生'敬'，这很重要，我也认同，但我认为，在教学中只让学生'敬'是不够的，还要让学生'怕'，这个'怕'就要求你显出教师的威严，就要用教师的身份。为什么有一些学生偏偏需要教师的控制和管理，教师不在变成'老虎'，教师一来就变成了'老鼠'？"丙："你说得太对了，正说到了要害之处，这种现象确实存在，但为什么会出现这种情况？都是什么样的学生当教师在与不在时会表现得不一样？"甲："当然是一些学习不好的学生、自控能力弱的学生。"丙："为什么这些学生自控能力弱？"丁："这就是传统教学下的教师用威严控制的结果，学生习惯被教师控制，离开了教师就无所适从，学习没有自主性。那么为什么没有自主性？"戊："就是因为教师没有给学生学会自主的机会，教师居高临下按照自己的意志控制教学活动，没有平等的师生关系，在被迫服从和严格的控制下，再加之有些恐惧和担心的情况下，学生怎能敞开心扉，又怎能放开思维的骏马任意驰骋？久而久之这种外在形式的控制就内化为学生的一种行为习惯，这种情况下学生要是有了自主学习的习惯才怪了呢！"甲："那为什么在同一种教学模式下也有那么多的学生会有自主性呢？"丙："你忘了人与人是有差别的，但不管怎样，传统的教学模式下学生的自主性是不强的。影响一个人的各种素质形成的因素太多了，个别有较强的自主性的学生很可能根本就不是教师在具体的教学活动中培养起来的。"甲："既然不能用教师的威严控制那些没有自主性的学生，还有什么好的办法吗？"乙："当然有，那就是放下你的威严，平等地与他们合作。"甲："具体措施？"乙："可以给他们设置问题，让他们自己去找答案，适当地肯定和鼓励……"甲："不用说了，我明白了，措施在我们脑子里早就明确了，就差操作了。"

讨论之后，为了从多方面了解信息，从根本上解决问题，课题组实验教师用不记名的方式向学生了解"他们心目中的教师形象"，目的是更深切地了解自己，建立良好的师生关系。课题组实验教师总结了学生对这位教师的看法，概括来说："是位好老师，但太孤傲了，居高临下，过于威严，同学们有些"怕"，不敢接近，与他有心理距离。"在这之后，这位教师进行了深刻的反思，找到了与学生之间有距离的原因，明确了师生之间的平等关系是实施主体参与教学、培养学生自主性的重要保证。在以后的主体参与教学的实践中，他着重建立师生之间融洽的、平等的关系，教学效果非常好，学生也非常喜欢他。后来他总结道："要想改变教学效果，首先改变人，这个人是教师，是我们自己，只有改变我们的教学理念，有了先进正确的理念才能有先进正确的方法，才能有好的教学效果，科学研究的过程是我们在教学道路上成长的过程。我现在有一种特殊的感觉——教学科研的第一受益者不是学生而是我。"

2.教师要注重对自己内在权威的建设，提升自己的人格魅力

教师要尽量去除外表的威严，注重塑造以渊博的学识和高尚的师德为核心的内在的具有亲和力的人格形象。因为教师不应该只是在教学中发指令的人，他既是信息的提供者，又是信息的分享者，更是在这个过程中的组织者。当教师向学生传授知识时，不是自上而下的"给予"，而是与学生一道探索，在主观上"分享"他们尚未获得的经验和知识。师生间良好心理气氛形成的关键因素在于教师，教师要体贴学生、关心学生、爱护学生，放下外在权威，主动走近学生，不断缩短与学生在心理上的距离，让学生亲近自己。

教师要树立在学生心目中的榜样形象，就要努力提升自己的人格魅力，加强内涵建设，使自己拥有热情、真情、宽容、负责、幽默等优秀品质，这是优化师生情感关系的重要保证。教师要自觉提高自身修养，拓展知识视野，培养敬业精神，注重教育艺术，努力成为富有个性魅力的人，用伟大的人格感染学生、熏陶

学生。"身教重于言教"，教师的行为足以让学生效仿，学生每时每刻都能在教师的身上学到各种各样的知识，在耳濡目染中受到教育。

有些教师非常在意自己在学生心目中的形象，在接近学生之初就通过各种方式树立起良好的形象。"可敬可亲"是我们所希望树立的教师形象，"可敬可亲"的内涵是很丰富的，只有在"可敬可亲"的教师面前学生才能插上想象的翅膀，参与到教学活动中，体验到创造的快乐和满足。在高等教育阶段，教师这种内在的人格魅力就显得格外的重要。

3. 诚心诚意地信任和鼓励学生

信任能启发学生的智慧，能激发学生的创造性，能使学生迸发出无穷的力量。从心理学上来讲，这是积极的他人暗示变成积极的自我暗示，暗示的力量是极其强大的。可在实际工作中，许多教师总是对学生缺乏正确的估计，总认为他们是孩子，需要教师牵着，甚至扶着。课堂当中一些教师不能还主动权于学生，实际上就是不相信学生的表现。教师的长期不相信，会使学生将其内化为对自己的不相信，认为自己是没有能力解决问题的人。久而久之，技术的不自信变成了人格的不自信，如此又怎能使自己以一种开放的心态自主参与到教学中去？实际上，自信心、自主性与主体参与活动是互为因果的。

在教学中，要鼓励学生，只有这样，学生的自信心才能提高，也才能产生更能有效合作的集体。教育心理学的研究成果和一些优秀教师的经验证明，鼓励是十分有效的教育手段。可惜的是，在现实的教育中鼓励常常被挖苦、责备代替。有些教师看不到学生的优点，当学生犹豫时他说的不是"前一个问题你都解出来了，这个问题也一定能解决，大胆地想，肯定能行的"，而是"你这个人呐，怎么这样，就这么个问题还要想这么半天"。还有的教师在一节课中批评学生竟能达到十几次，还很痛苦地解释道"我这是为同学们好，难道我自己要找气生吗？"当学生因某些问题未解决而彷徨、因受挫而失意、因失败而自信心下降的时候，教师真诚的鼓励能给学生以力量，使学生走出沼泽，看到光明，增强信心，昂扬斗志，勇于克服困难。

那么如何才能做到信任和鼓励学生呢？对待学生要发自内心、真诚友善，而不是表面、形式、虚假地欣赏学生。对待学生要有足够的耐心。当学生解决问题有困难的时候可以用这样的语言："再想想，你能行的。"当学生自信心降低的时候，可以用这样的语言："教师相信你，请相信你自己，试试看。"非语言的沟通方式更能起到信任和鼓励的作用，如一个坚定的点头、一个真诚的微笑、一个坚信和赞许的眼神、一个翘起的大拇指、一个抚摸的动作、一个有力的握手、一个温暖的拥抱都能给对方以无穷的力量。这样的氛围下学生当然会有极大的参与热情并积极参与行动。

主体参与教学需要教师具有极大的热情，平时多与学生沟通，缩短师生间的距离。学生走上讲台时普遍存在想讲又胆怯的心理，这时我们可以积极、热心、真诚地鼓励学生，让他们放下包袱、充满自信，还要给予学生一些赞美。

4. 向学生微笑

人可以不美丽，但不可以不微笑。微笑代表着阳光，微笑代表着春意，微笑代表着友好，微笑代表着接纳。当一个迷路的人微笑着说"您好，请问到……的路怎样走？"时，人们都不会拒绝回答。笔者就"你喜欢什么样的教师？"这个问题进行了调查，学生的反应是"我们希望看到老师的笑脸""我们更喜欢有笑脸的老师""希望老师们能笑口常开"。还有，笔者曾对初中二年级的几个学生问起学习问题，却得到了意外的收获。"你们什么课的课堂纪律最好？"几个孩子异口同声地说："语文课。""为什么？""因为语文老师爱笑，很漂亮。"

教师的微笑给了学生情感上的支持，有了情感的参与，认知的参与也会得到激发，学生自然会有强烈的参与欲望、参与热情及积极的参与行为。

5. 自我暴露——从心灵深处理解、贴近学生

自我暴露也称自我开放，是心理咨询中的一种咨询技巧，是指当咨询师与来询者有共同经历时，咨询师可以有针对性地从有利于来询者成长的角度出发将自己的经历表露出来，这是建立良好的咨访关系的一种很重要的方法。笔者在主体参与教学实验中将自我暴露迁移到教学活动当中，以建立良好的、相依性的、平等的师生关系。在与学生交往中，如果教师有与学生共同的经历可以表达出来，这样学生会感受到教师的真诚，会感受到教师能从内心深处理解他、关心他，极大地缩短师生间的心理距离，这对建立平等的师生对话和相依性关系是非常有益处的。实际上，如果教师能够做到自我暴露，就表明已放弃了教师的外在权威，在这种和谐的、相互理解的师生氛围中学生参与的积极性会大大提高。但要注意的是，教师的自我暴露要适当，不能偏离教学目标。

三、让学生行动自由

（一）策略理念

自由意味着一种力量，一种每个人做任何想做的事情的或满足人们所有期望的有效力量。表现在人与人的关系上，自由就是个体自主地把握自己的状态，即

个人对他人或组织的强制性的摆脱，自由的实质就是独立于他人的专断意志。作为一种力量的自由和在关系中的自由是一体两面的统一，因为如果没有一种预示着自由的力量，那么个人在他人或组织的关系中就谈不上有自己的自由。而有预示着自由的力量，个人也不一定有现实的自由，只有把这种力量变成行动，自由才会真正实现。与自由相对立的范畴是"强制"，它意味着服从、被控制。自由能够使个体运用自己的知识和智慧实现自己的目的，而强制只能使个体被迫按照他人的意志实现他人的目的。

人在本质上是自由的存在物，自由是由人的创造本质产生出来的人的丰富的可能性，自由是社会进步的标准。[①]美国心理学家布林在其专著《心理感应抗拒理论》一书中，提出了"心理感应抗拒理论"，并对此种心理现象进行了分析。他认为，每个人在某一时期都有一套可供自己选择的行为，称之为"自由行为"。这种自由行为是人人都需要的，当这种自由行为受到威胁或被取消时，个体就会产生"抗拒"，从而设法去恢复行为自由。布林特别强调的是行为的选择自由，认为即使某一种行为是一个人所需要的，但是当他别无选择而只能从事此种行为时，依然会产生"抗拒"。

自由意味着权利和责任。学生作为教学中人格独立的主体，他们应该有自主参与教学的权利。学生的责任感往往是在他们的主体性活动中培养起来的。学生在教学中要进行主体参与就必须有一定的自主权，也必须承担一定的责任。没有自主权，就不能有主体参与；没有责任，主体参与就失去了效果。学生在教学中的责任就是他们必须完成一定的学习任务，主体参与的目的就是有效完成教学任务。自由不等于放任自流，不是没有任务、没有目的、不受教师的指导等，自由是相对的，而不是绝对的。

教学中学生的自由是指学生自主地而非强制地学习的一种状态。它可以分为人身自由与内在自由。人身自由是指在教学中教师允许学生随意走动，相互交谈，学生可以选择自己想做的事，能够按照自己的意愿参与教学；内在自由指学生智力上的、情感上的和道德上的自由。有利于学生主体参与的教学就必须既有人身自由，又有内在自由。教学中的自由和谐状态有利于人格的培养。教学中自由活动的条件除了具备有利于学生自由发展的社会、技术、自然的各种因素外，还要形成一种自由的教学秩序。教学要使传统"专制"状态下的学生的被动参与变为民主气氛中学生的主体参与，就要通过一种教学自治，体现教学中的"对称自由"。

---

① 赵祥麟，王承绪. 杜威教育论著选 [M]. 上海：华东师范大学出版社，1981.

所谓"对称"就是指师生之间的平等，"对称"的自由有助于学生的主体参与。

不管怎样，每个人至少应该有不可侵犯的最低程度的自由。如果这个范围任意窄化，那么其能力就到了不能发挥的程度。教育史上，英国教育家尼尔是主张给学生较大自由的代表人物，在他创办的夏山学校中，学生拥有选择是否上课的自由。法国教育家让－雅克·卢梭赞成给学生以自由，完全不要给学生命令，绝对不要，也不要让他想到你企图对他行使什么权威，只要让他知道他弱而你强，由于他的情况和你的情况不同，他必须听你的安排，让他理解这一点，学到和意识到这一点。主体参与教学提倡给学生以自由，自由就是提供机会，让他尝试他对于周围的人和事的种种冲动及倾向，从中他感到自己充分地发现这些人和事的特点，以至于他可以避免那些有害的东西，发展那些对他自己和别人有益的东西。^①教师的工作不是约束、管理、命令学生，而是观察、了解、帮助、指导学生。

教学中的自由最关键的是学生在各种教学活动中应该有一定的发言权。好的教师能够给学生一定程度的自由。

（二）具体教学策略

1.给学生自主支配时间的自由

教学中，教师合时适度的话语是学生理解的重要前提。教师的过度讲授在教学中则不利于学生的主体参与：第一，过度讲授导致过度的信息量，这必然会超出学生的"忍受度"和接受力；第二，过度讲授会使学生失去许多自主参与的时间；第三，过度讲授意味着教师在帮助学生理解时付出较大努力，这会降低学生理解的难度，使学生失去在一定难度的理解过程之中发展自己的机会。因此，教师在教学中要给学生一定的自由支配的时间，要相信学生有能力支配自己的时间；要认识到"自由时间"不是放任自流，而是在教师的精心策划下，学生充分发挥自身主动性；认识到多给学生主体参与的时间不会影响教学质量。一节课要将大部分的时间留给学生，为确保学生在时间和空间上最大限度地参与教学的全过程。要求教师由"讲"师变为"导"师，由知识的传授者变为让学生自己建构知识的指导者，在学生学习过程中起启发、点拨、引导作用，这样才能充分发挥学生的主体作用，培养学生分析问题和解决问题的能力。要求教师每节课的精讲时间不超过20分钟，其余时间用在学生讨论、操作、质疑、知识反馈、检测等方面，让学生有自由支配的"空白时间带"，以利于学生主体性的发挥。

---

① 史根东. 主体教育概论[M]. 北京：科学出版社，1999.

现实教学活动中，有一些教师唯恐少讲一点就会影响教学质量，但实际上这种担心是多余的。教师总觉得时间不够用，内容多、时间少，讲完满满的 45 分钟仍嫌没有讲够，还随意延长教学时间，甚至在晚上还要加班加点地给学生讲课。有些学生表示："我们都太累了，老师少讲点吧。"这时教师会无奈地摇摇头说："我还没嫌累呢，你们学习怎么没有一点主动性呢？我是想让你们多学点知识。"教师确有一片片"好心"和"苦心"，可得到的结果呢？暂且不说培养学生的自主性，就单从记忆规律的角度来谈，"满堂灌"也不利于知识的吸收和掌握。学习心理学告诉我们：学生通过自己加工、整合知识，才能记忆牢固；单位时间内，识记的信息的量与记忆效率成反比，给学生"灌"得越多，学生记住的东西反而越少；及时复习和总结记忆效果才好。由于学生已习惯传统教学的"满堂灌"的教学方式，偶尔一次教师提前把内容讲完，剩下一些时间留给学生，学生却无所适从，不知干些什么才好，这时，教室变得无序了，学生开始"自由"了。在教学中，这种现象无论是在基础教育的中小学阶段，还是在高等教育的大学阶段都无处不在。要想改变这种现状，就要改变教师的教学理念，然后指导教学行为。要知道，学生的发展不是靠教师讲出来的，而是在教师的引导下学生进行自主活动的结果，这当然需要给他们有一定的自主支配的时间。

2. 给学生提出问题和回答问题的自由

教师要善于给学生提出问题和回答问题的自由和机会，要鼓励学生自下而上地提问，既给学生思考"这个问题是什么"的余地，又给他们思考如何回答的时间。问题的质与量以及呈现方式直接影响着学生的主体参与程度。问题要少而精，要有一定的层次性，要在问题之间留有学生思考的充足时间。许多教师尽管用边讲边问代替了"满堂灌"，但由于问题的认识水平较低，也不利于学生思考。还有些教师在课堂上高密度提问，有的甚至达到一节课几十次、上百次，这样就分散了教学的中心问题，削弱了学生学习的主要内容。教师要善于把教学内容转化成一系列的问题，即几个大问题和若干个小问题。没有问题的平铺直叙难以引发学生的思考，而学生思维的发展依赖于他们对问题的思考。问题设计应当是教学设计中的主要内容。学生智力发展的理想程式应当是设计问题—思考问题—解决问题。教学中有一种情况是自问自答，即教师提出问题，教师自己回答，学生没有提问，也没有回答的机会；另一种情况是教师问，学生答，这比前一种情况要好一些。事实上，最好的模式是教师问、学生答—学生问、教师答。学生无问题时，教师要发问；学生有问题时，教师要让他们自己回答，不会回答的，给他们启示。

教师要使学生的回答具有一定的多样性，要使自己的回答具有一定的启发性。思考的过程是学生发展的关键环节，倘若没了这一过程，只剩下设计问题—解决问题，学生的发展就不可能实现。在传统的教学中，一些教师恰恰忽视了这一环节。他们提出问题，不给学生思考的时间或者只给较短的时间就让他们回答，这就使问题教学流于形式主义，达不到发展的目的。

3.给学生选择学习内容和学习方法的自由

人的个性、能力是有差异的。要想使学生之间的差异性在教学中得到发展，就要使学生有选择的自由。弹性化的课程内容指在教学中呈现的课程形态在难度上具有一定的层次性，既有适合学习能力强的学生的有挑战性的课程内容，又有适合学困生的低难度的课程内容。一些教师担心，如果课程内容太弹性化，教学进度就无法完成。但值得我们注意的是，这些教师所认为的教学进度不是以学生的理解与掌握程度为依据，而是以自己是否完成讲授任务为标准的。

有学者认为，一节课的教学进度是指学生掌握教学内容的一个自然片段，它更多的不是形式，而是实质，只要学生理解、掌握了教学内容，教学进度就算完成了。走出这种关于"教学进度"的误区，教师就可以放心地设计与组织弹性化的课程。设计弹性化的课程有利于学生根据自己的实际水平自主地选择课程内容，从而有利于学生在教学中的差异性发展。

现代教学理论越来越明确地向课程提出了新的要求，即课程设计要有利于学生的发展。课程应从学生出发，在知识的呈现上应有利于学生的主体参与。课程内容的弹性化实际向教师提出了更高的要求。传统教学中，教师只需活化教材，把教材内容"忠实"地讲给学生就可以了。主体参与教学则要求教师对教材内容进行一定的加工制作，把知识在不同的层次上呈现给学生。因此，教师的备课任务会比以前有所加重，"备教材"的过程不只是对课程内容进行再加工、再创造的过程。弹性化的课程内容能使每一个学生都体验到成功的喜悦。学困生可以选择难度小一点的题目，在题量上可以少做；学习能力强的学生可以选择具有一定挑战性的题目，加大题量。这是提高学生参与兴趣，实施因材施教的重要策略。

四、培养学生的参与兴趣

（一）策略理念

培养学生在教学中的兴趣，这是教学论的一个老话题。传统教学由于受教师本位和知识本位的限制，学生兴趣的培养具有一定的肤浅性、暂时性、权益性。

在这种情况下，学生学习的兴趣就不一定等于他们主体参与的兴趣。教师在传统教育观念影响下的教学方法就难以培养学生的参与兴趣。

参与是一种在集体当中学习的方式，主体参与反映的则是现代教学中新型的学习方式。学生有学习的兴趣，但不一定有参与的兴趣。现实教学中，有些学生在课堂上与整个教学是分开的，出现了"你讲你的，我看我的"的情况，不能把自己的学习行为纳入整个班级的教学活动当中。这种游离于教学之外的自学也是一种学习，但这种状态下的自学至少会产生两方面的负面影响：其一，"双向的消极影响"，即其他师生的活动会对自学产生一种"干扰"，同时，自学者的行为也会对教师和其他学生产生不良的影响；其二，"孤独的学习"，自学者在教学环境中肯定是一个"孤独者"，所谓"独学而无友，则孤陋而寡闻"，由于失去了交往、沟通等机会，学生的发展将会受到很大的影响。因此，只有当学习的兴趣转化为参与教学的兴趣，它才能成为学生发展的倾向性动力。

有些学生在教学中的兴趣具有一定的短暂性与狭窄性。兴趣具有短暂性是由于没有把兴趣与意志结合起来，短暂的兴趣其实只能算是兴奋。兴趣的狭窄性是指学生只对教学活动的一些方面有兴趣，而对其他方面没有兴趣；还指只对某一门或某几门学科有兴趣，而对其他学科没有兴趣。兴趣的短暂性与狭窄性都不利于学生进行主体参与。

学生兴趣的产生具有明显的迁移性。例如：某位学生小时候喜欢画东西，上学以后就对绘画课很有兴趣，就喜欢参与绘画课；由于喜欢某位教师就喜欢参与某位教师的课。很显然，兴趣影响学生的参与程度，提高学生兴趣的广泛性与稳定性在主体参与中显得十分重要。狭窄的兴趣会影响学生的全面发展。当然，学生不可能对所有学科平均分配自己的兴趣，会有强弱的不同，因此学生应有自己的"中心兴趣"，但围绕中心兴趣的外围兴趣应该尽可能广泛一些，只有这样才能实现特长发展基础上的全面发展。稳定性也是学习兴趣应该具备的一个重要品质。"三分钟热度"型的学生，在主体参与中往往是前热后冷、虎头蛇尾，影响参与效果。因为教学中的主体参与充满了挫折性、挑战性，没有克服困难的勇气和顽强的毅力，只凭一时的兴趣是难以完成参与任务的。由此看来，主体参与需要兴趣，但不是只有兴趣就能解决一切问题的。

"神入"是最高水平的主体参与。学生在教学中浓厚的学习兴趣有利于他们"神入"。主体参与既是学生物理力量的参与，也是他们精神力量的参与。其中精神力量的参与是关键，没有他们的精神—心理力量的参与，学生的物理力量也就不可能参与到教学活动中去。学生的精神—心理—思维的参与是最主要的参与。

这三个层次协调统一的参与才是"神入","神入"所强调的是学生在教学中实质的、真正的参与。外在活动的参与自然重要，但最重要的是思维高度参与。罗杰斯提出学生在教学参与中要身心"全部侵入"，他批评那种只是在"颈部以上的学习"；苏联著名教育家苏霍姆林斯基提出要使学生的精神全部参与到教学中去。在教学中教师要努力调动学生的精神—心理—思维的"神入"性参与，这是提高教学有效性的关键。这种参与是学生的智力、情感、行为高度统一的参与。内化的过程应该是精神—心理—思维的参与，外化的过程也应该是精神—心理—思维的参与。

（二）具体策略

1.选择适当的教学组织形式，激发学生的参与兴趣

学生自身是具有兴趣潜质的，如何使它们成为现实的兴趣特质，来强化他们的参与行为？这就需要我们通过教学设计，选择适当的教学方法，使教学内容丰富多彩，动用理解、沟通、参与、互动这四个活性因子来激发学生的兴趣。因为行为科学的研究表明，工作设计能够影响工人的干劲和动机。据调查，我国部分学生对教学活动兴趣不大，教学内容的纯知识化、教学方法的单调机械是其中比较重要的原因。理解、沟通、参与、互动是教学中的四个活性因子，这四个活性因子既是教学的内在机制，又是教学形态的基本内容；同时，它们也是对现代教学的一个总的描述。它们四个的关系及作用如下。教学是建立在对意义符号理解的基础之上的，理解贯穿教学的全部过程，决定着教学的一切形态。意义不通过个体的心理、实现个体的内化就不能使教学主体完成对它的理解，教学的指令、反馈、调控、评价等也将无从发生。理解发生在教学主体的内部，它是单个主体在教学中的心理行为，是教学的心理学前提。但只有个体内隐的理解行为，教学还是不能发生的，主体间信息、情感的交流，即沟通是教学发生的前提。这是因为教学必然是教学主体间的活动，没有沟通，主体间的理解就无法实现相互传达，教学行为就无法在师生间产生。个体如果不参与教学，教学就不会对其产生任何影响。教学中主体参与强调学生个体的能动性。教学是主体间多元互动的结果，互动指主体行为具有因果性、依存性、共振性。师生互动、生生互动会形成一个有利于学生发展的教学场。理解、参与指教学个体的教学行为，沟通、互动指教学主体间的行为。这四个活性因子在教学过程中协调搭配，共同构成了现代教学的动态结构。

要实现上述四个活性因子在教学中的协调搭配，激发学生的兴趣，就要选择

适合的灵活多样的教学方法和教学组织形式。例如：第一课堂的生生互动、师生互动，以及学生上讲台讲课；第二课堂的集体备课、小组学习；在课上增加动手操作、实验、演习等内容；采用案例探究、角色扮演、情景剧等多种教学方式。

在各种各样的参与活动中让学生理解知识，并经过教师的引导、启发得出某种沟通理论。让学生在实际情境中培养良好的沟通态度，学会沟通，掌握沟通技巧。同时，改变此门课程的评价方式，改变由一张理论试卷决定这门课的成绩的做法，注重实际参与，将学生的沟通实践能力和参与的程度作为评价标准，采取实践考核的办法。实际上，这些灵活多样的授课组织方式已将理解、沟通、参与、互动这四个活性因子协调搭配，激发了学生的参与兴趣。

2. 满足需要，提高学生的参与兴趣

教学中要培养学生的兴趣，但我们更要重视学生兴趣产生的关键，那就是学生在教学中的需要。不从学生需要的实际出发，就不可能培养他们在教学中的兴趣。教师要了解学生，了解他们教学需要的类型，这是从学生需要出发设计与组织教学的一个基本前提。一方面，我们要满足学生现实的教学需要，以确保学生在参与教学中相对较强的主体性；另一方面，我们要不断提升学生的教学需要层次，以确保学生在参与教学中绝对较强的主体性。教师对学生的教学需要有正确的态度。首先，应帮助学生形成合理的需要结构。所谓需要结构就是学生不同的需要构成的需要的发展性层次形态。高低层次需要的不同搭配、组合会形成学生发展的动力系统。学生的需要在同一时段是有变化的，如：有些学生一会有表现的需要，一会有认知的需要；有些学生只有低层次的需要，那么其学习动机就不会很强；有些学生只有获得自我发展的需要，而没有与人交流、合作的需要，就会影响其最终的发展。因此，合理的学习需要是动态的、具有层次性的、可以相互转换的。其次，应帮助学生提高不断拥有较高层次的学习需要的自觉性。许多学生在实际的教学中并没有明显的、自觉的发展需要，他们表现出的更多的是一些低层次的需要。有些学生虽然胸怀大志，但不能及时地把远大的志向变成平时学习的高层次需要，实现这种转换是十分必要的。学生有了自觉的更高层次的需要，其主体参与教学的境界就会更高一些，动机就会更强一些，同时也就会表现出更强的能动性和创造性。

要做到满足学生的需要，一个原则就是教师要用"心"去了解学生、体会学生。例如：学生多次举手或一直举手不放，说明此时学生有表达的需要和表现的需要，教师应适当地满足他们的需要；在课堂上学生认真听课但紧蹙眉头，说明学生有疑惑，有强烈的认知需要，教师应根据课堂具体情况进行调整；在学习中学生表现出要表达意见或想得到别人的意见，说明有沟通和合作的需要，教师应提供沟通和合作的环境；学生有创造性地解决问题，满心欢喜地看着教师，说明学生有被肯定和赞誉的需要，教师应及时给予认可和表扬；学生在学习中遇到挫折，情绪低落、一脸迷茫，说明有得到教师鼓励的需要，教师应及时给予鼓励和指导。

那么如何提高学生的需要层次呢？我们认为，首先，尽量满足学生较低层次的需要；其次，也是更重要的，就是在长期的教学实践中进行引导和渗透，如列举大量成功人士的事例，让学生学习身边和社会上的榜样人物，让学生体验人的自我实现等，以产生高级情感，从而产生更高级的需要；最后，就是满足各种需要的能力的培养和具体操作的指导。总而言之，提高学生的需要层次是没有固定的方法的，这需要在长时间的教学实践中去渗透。无论采取什么样的方式，最终的目标都是让学生产生自觉发展的需要。学生认为学习是自己的事情，自觉、自主地学习，在学习中感到快乐，并知道自己要对自己负责，这就产生了自觉发展的需要，并有一定的能力来满足需要。

第五章　计算机教学的实践创新研究

第一节　网络资源在高校计算机教学中的应用

互联网信息库是网络信息汇集和资源共享的重要基础，具有显著的优势。在高校计算机教学中应用网络资源，可以对教学资源进行补充，提升教学的质量。实践证明，学生应用网络资源辅助学习，可以更好地掌握计算机知识和技能，提升学习效率和效果，因此，教师要注重网络资源的应用。基于此，本节分析了网络资源在高校计算机教学中的应用。

近年来网络资源在高校计算机教学中得到了广泛的应用，可以有效激发学生的学习兴趣和积极性，让学生逐渐形成利用网络资源学习的习惯，这也是计算机教学的任务之一。在计算机教学中应用网络资源，可以创新教学模式，弥补传统教学中学习资源的不足，充分发挥网络资源的积极作用，以提升教学的有效性。因此，教师要合理应用网络资源，促进计算机教学发展。

一、网络资源在计算机教学中应用的优势

首先，网络资源有较快的更新速度，和其他教学资源相比具有显著的优势。计算机信息技术也要借助于快速更新的网络信息不断升级，网络资源的实效性较强，在教学中进行应用，能够展示出不同学科科研方面的最新进展和动态变化，教师通过检索需要的最新资源，可以让学生快速地了解和掌握最新的知识。在高校计算机教学中，教师有选择性地应用网络资源，可以打破传统教学模式的局限，丰富教学资源。应用网络资源，教师和学生的教学和学习资源可以得到快速的更新，教师可以筛选网络信息，合理地将其应用到教学中。因为网络资源的更新速度很快，教师可以将最新的计算机应用操作展示给学生，进而提升他们的学习主动性。

其次，教师能够随时随地通过网络检索需要的信息，并对这些资源进行分享，没有束缚，可以让教学变得更加灵活自由，能够通过不同的方式对学生实施指导。例如，教师可以应用网络资源制作有关的专业知识课件，对学科的最新知识进行整合，进而及时对教学资源进行补充和更新，跟随学科发展。学生在学习中碰到问题时，能够通过网络向教师请教，教师在线上就能够完成教学。当前很多高校都构建了自己的网络信息资源库，师生通过多样化的技术，可以不受时空限制获取网络信息资源，对教学资源加以丰富，方便不同对象和不同区域的交流和分享。这对计算机教学效果的提升具有积极影响，可以激发学生的学习兴趣，提升他们的学习效率。

最后，网络资源可以多方向传递信息数据，打破时空限制。网络资源教学能够结合不同学生的学习情况，有针对性地为其制订学习计划，通过多样化的教学方式和开放式的教学方法，培养学生的开拓精神和创新思维，满足新的教学模式发展需要。利用网络资源进行学习，学生能够结合自身情况，合理安排学习计划，提升学习效率，培养自学能力，最终促进教学质量的提升。

二、网络资源在计算机教学中应用的策略

（一）远程教育模式

远程教育模式是对局域网络资源进行应用的代表，是教育模式多样化发展的体现。该模式基于计算机软件，教师和学生可以隔着计算机屏幕对话，把教学资源转化为网络资料，对学生开展线上教学与指导，不仅能够有目的性地进行教学，而且对学生的教学还存在专一性，当前这一模式已经在实际教学中得到了广泛运用。远程教育是网络教学模式，可以有效地对教师的教学空间进行拓展，但凡有网络的地方，就能够教学，教师的教学也不用受环境的限制，能够具体讲解不同类型的计算机操作，让更多的学生学习最新的计算机知识。

（二）构建立体的计算机教学网络

通过应用网络资源，教师能够建立健全计算机教学网络，通过网络沟通以及使用专业性网络资源，能够帮助学生提升学习的效果。例如，有的学生在实际操作中有些操作技术并未掌握或是忘记了操作步骤，学生就不用线下请教教师，而是直接通过观看网络资料就可以学习操作的步骤。网络资源能够通过有目的的、专业性的线上教学，帮助学生巩固已经学习到的知识，这是教师课堂教学实

现不了的。教师在教学中面向的是班级中的所有学生，而网络资源面向的是单个学生，可以结合不同学生的需求提供相应的学习资源。

（三）网络资源与教材相结合

过去，教师主要依据课本进行计算机教学，但在信息高速发展的时代，教师需要注重对网络资源的利用，满足社会发展的需要。当前是信息时代，网络技术的发展能够解决教学资源单一、更新不及时、数量不足等问题。教师在教学中可以运用网络的优势，在网络中搜集优质的教学辅助资料，结合教材开展教学，还可以利用互联网分享优秀的教学方法，对教学材料资源库进行补充，实现资源多样性，优化教学资源，提升教学效果。例如，在"Java 编程语言"的教学中，教师就可以运用网络教学方法，结合学生实际和教学目标实施教学，把资源分享到网络平台上，让学生在课后也能够观看和学习，提升学生的学习效率和效果。

（四）实行个性化管理

教师运用计算机网络进行教学，要结合各层次学生的情况，实施分层教学和管理。网络教学并非完全让学生自己学习，还需要教师有计划地提供指导，进而提升学生的学习效率。因此，教师应用网络资源教学，需要结合各种类型学生的实际情况，有针对性地制订教学策略，安排相应的学习任务，促进学生的个性化发展，以更好地实现教学目标。

（五）开发专业学习软件

高校计算机教学的目标就是要对学生的计算机技能进行培养，帮助其养成职业习惯，教师在教学中需要把基础理论与专业技能进行结合，培养具有综合素质的计算机专业学生。教师可以通过网络资源，开发有关的专业计算机学习软件，为学生的课余自学提供平台，提升学生的专业能力。在运用软件教学时，教师要实时监测学生的学习情况，并以此为依据，为学生提供个性化的辅导。

（六）创设虚拟办公环境

办公自动化课程的教学目标是让学生能够适应未来办公环境的要求，在"互联网＋"背景下，教师应该创设虚拟仿真的办公自动化教学环境，让学生在学校环境中提前感知工作环境，提升他们的职业能力。例如，了解秘书为了辅助领导召开重要会议，需要用到的办公自动化知识和技能，以及有关的准备工作，快速准确地录入汉字、编辑和排版 word 文档、办公文件分类整理、设计和演示幻灯片、分析电子表格等，熟练地运用常用的办公软件及设备，帮助领导厘清思路，提供需要的文件资料，为领导开展工作提供便利。通过设计这类活动，可以全面地对学生不同办公软硬件的运用情况进行考察，真实的情境可以激发学生的学习兴趣和学习热情。

（七）创建作业系统，方便教师监督学生的学习

计算机学科具有较强的操作性，对于学生的实践能力提出了较高的要求，因此，只通过笔试考核无法全面地测验和考查学生的技能掌握情况。教师需要改变考试方式，尤其要加强对学生操作能力的考查。网络资源可以给教师批改操作型作业提供平台，学生登录作业系统就能够完成教师布置的操作任务，系统能够自动记录学生的操作步骤，教师能够及时对学生的作业进行批改，及时反馈批改结果，充分发挥作业的作用，真正促进学生操作能力的提升。

第二节　虚拟技术在高校计算机教学中的应用

在"互联网+"背景下，人们的生活和工作与计算机技术的联系越来越紧密，计算机技术成为当下社会人才所必须具备的一项职业能力。因此，必须提高高校计算机教学质量，为社会输送更多的计算机专业人才。在高校计算机教学中应用虚拟技术满足了情境化教学的要求，降低了教学成本，提高了教学效率。本节主要分析了在高校计算机教学中应用虚拟技术的优势，探讨了虚拟技术的具体应用。

近年来，社会对高科技人才的需求愈发迫切，而高校承担着为国家、社会培养和输送优秀人才的责任，因此，加快高校计算机教学改革，积极应用虚拟技术提高计算机教学质量，培养计算机领域专业人才势在必行。虚拟技术是一种被广泛应用的计算机技术，在高校计算机教学改革中应用虚拟技术，模拟构建仿真实验平台，可以为学生提供实践操作机会，降低资金成本投入，推动高校计算机教学改革。

一、虚拟技术概述

虚拟技术是一种集多媒体技术、传感技术、网络技术、人机接口技术、仿真技术等多种技术为一体的计算机技术，是仿真技术的重要发展方向，是一门具有

挑战性的交叉技术。计算机虚拟技术包括由计算机生成的动态实时的模拟环境以及模拟视听触觉等感知的传感设备和软件系统等。虚拟技术是实现用户与计算机之间理想化人机交互的一种前沿技术，以计算机技术为核心，集合多种技术共同生成逼真的虚拟环境，用户借助传感设备进入虚拟环境，与相应对象进行交互，产生与真实环境相同的体验。

虚拟技术具有诸多特性，如交互性、沉浸性、多感知性等。交互性是指用户从虚拟环境中得到反馈信息的自然程度和虚拟环境中被操作对象的可操作性，借助数据手套、头盔显示器等专业传感设备，用户在虚拟环境中与操作对象进行交互，计算机可以根据人的自然技能实时调整系统图像、声音，以此让用户获得一种近乎在现实环境中操作的真实感受体验。沉浸性则是指计算机虚拟技术模仿的现实事物十分逼真，从而让用户产生面对真实事物、处于真实场景中的感受，用户仿佛成为虚拟环境的组成部分并沉浸其中。多感知性则是借助传感装置，虚拟系统产生对感知觉的反应，在虚拟环境中让用户获得多种感知，产生身临其境的感觉。

二、虚拟技术在高校计算机教学中的应用优势

随着信息技术的飞速发展，高校计算机课程内容也在不断更新，更加注重操作性和实践性，要求理论与实践紧密结合。随着社会对计算机领域优秀人才的需求与日俱增，高校计算机教学应加快改革创新，合理选择教学模式。在高校计算机教学中应用虚拟技术，可以创建仿真的教学环境，营造良好的教学氛围，提高计算机教学质量。在高校计算机教学中应用虚拟技术，通过虚拟技术的软硬件系统，可以为学生创建一个逼真的虚拟环境，刺激学生大脑的多种知觉反应，让学生大脑处于兴奋状态并随时接收信息，有效激发学生的学习兴趣，吸引学生注意力，加深学生记忆。

此外，借助专业传感设备加强虚拟环境中师生、学生之间的交互，利用瞬时反馈教师可以更及时有效地处理和加工学生反馈信息，加强师生互动交流，构建教学氛围更融洽的教学环境，激发学生的学习积极性。在高校计算机教学中，应用虚拟技术还能加强学生的合作交流，让学生在虚拟环境中互相探讨、合作，共同解决问题，深化对计算机知识的理解，同时也方便教师对学生学习情况进行观察了解，及时指导和纠正学生在学习过程中遇到的问题，并实时参与学生的合作交流，引导学生思考，激发学生潜能，提高课堂教学质量。

三、虚拟技术在高校计算机教学中的具体应用

（一）在理论教学中应用虚拟技术

计算机课程无疑是一门实践性极强的课程，教师在讲述理论知识后，还会带学生到计算机实验室，让其结合所学知识进行操作，使学生在实际操作中深刻理解计算机理论知识。但这种教学模式依然存在弊端，学生可能在理论教学阶段就对过于抽象的计算机知识感到困惑，难以产生深刻理解，进而直接影响后面的实践教学质量。在计算机理论教学中，教师应积极应用虚拟技术，借助虚拟现实系统将抽象的知识形象化、具体化，结合多种媒体表现形式增强课堂教学的交互性和沉浸感，让学生可以更加直观、清晰地理解所学知识。例如，教师在讲解"计算机结构和组装过程"的相关知识内容时，通过简单的文字和图片难以将知识直观传递给学生，而教师带领学生到实验室进行操作实践，尽管可以让学生切实感受到真实的计算机结构和组装过程，但因为时间并不充裕，教师无法对每个学生进行现场指导，学生只能按照自己的想法实践，这导致部分学生的一些问题难以及时解决，影响教学质量。利用虚拟技术，教师将图片、声音、动画等有机结合，设计制作出生动的教学课件，加强课堂教学的交互性，让学生沉浸其中，满足学生多角度学习、实践的需求，营造仿真的教学环境，深化学生对所学计算机知识的理解。

在"操作系统"课程教学中，针对进程管理、处理机调度这一学生难以理解的地方，尤其是生产者、消费者、死锁问题等，教师可以利用虚拟技术，利用3ds Max 制作 VR 课件，通过逼真的课件形象生动地展示生产者、消费者、死锁问题的原理，加深学生印象，使其对计算机原理产生深刻理解。常见的数据结构算法思想较为抽象，单纯的数据结构讲解、算法演示难以让学生快速掌握相关知识，教师可以利用虚拟技术，将抽象的算法过程更加直观地呈现，方便学生理解。在讲解信息编码教学内容时，教师可以利用虚拟技术制作一些游戏案例，将信息编码、二进制、十进制等基本概念融入其中，设置游戏问题，激发学生学习兴趣，鼓励学生主动探索。

（二）在实验教学中应用虚拟技术

在高校计算机实验教学中，应用虚拟技术可以生成相关的实验系统、实验仪器设备、实验室环境、实验对象，以及测试、导航等实验信息资源，可以虚拟出理想实验室，也可以模拟现实实验室，打破实际教学中物理设备的限制。

例如，在"计算机操作系统安装、调试"实验教学中，教师可以通过 VMware Workstation 软件创建一台具有独立的硬盘、操作系统可以独立运行的虚拟机，在它上面进行实验操作，即便出现问题导致故障发生，也不会影响其他虚拟机和物理机，能有效降低教学成本投入，保护现实计算机。教师可以根据不同教学需求为虚拟机安装不同的操作系统，实现一机多用，满足计算机实验教学的多种要求。不同于传统物理网络实验室，虚拟机具有更好的隔离性和独立性，且在使用过程中每个学生都是管理员身份，使得学生获得更好的上机体验。

虚拟机具有良好的独立性，当配置设定之后，不会受到其他虚拟机影响，也不会对其他虚拟机产生影响，因此适应性更强，可以根据不同的计算机实验教学要求随时改变虚拟机配置，使得资源分配更合理，在满足各种计算机实验教学要求的同时，节省物理机配置，同时也能降低高校计算机教学成本。

在高校计算机教学中，虚拟技术应用越来越广泛，将其应用在计算机理论教学中，能将抽象的计算机理论知识直观化、生动化展示，营造真实情境，促进学生更好地理解和掌握；将其应用在计算机实验教学中，根据不同计算机实验教学要求创设独立性和隔离性良好的虚拟机，根据教学内容改变配置，在满足实验教学需求的同时，降低教学成本。

第三节　混合教学模式在高校计算机教学中的应用

在新课改背景下，混合教学模式博得了教育工作者的眼球，在高校计算教学活动中使用混合教学模式，会得到显著的效果，显然这对培养学生的综合能力有着积极的作用。对此，本节对混合教学模式进行了概述，对传统教学模式存在的弊端进行了探讨，最后围绕着混合教学模式的具体应用展开论述。

随着我国社会经济的不断发展，以往的计算机教学模式早已无法紧跟时代的脚步，这就要求相关教育工作者主动创新，结合学生的实际状况来制订新的教学方式，坚持以学生为本的理念，这样做不仅可以强化学生的创新意识，还能充分激发学生的创新思维，以此来促进其学习能力的全面提升。

一、混合教学模式概述

（一）混合教学的内涵

混合教学是一种教学方式，既存在优势又存在劣势，计算机教师应充分发挥其优势，才能妥善处理教学中存在的各种问题。混合教学会对教学过程带来直接的影响，其中涵盖以下几个方面：学生观、教师观、教学媒介、教材、教学方式等。混合教学往往侧重于学生的主动学习，教师从原来的传授者转变为设计者，学生演变成为知识传播的主体，而不是"容器"。

（二）混合教学模式的定位

一般而言，以往的计算机教学基本上是在课堂中进行的，其以教学大纲、教材设定内容等为主。混合教学模式强调课堂教学应当与网络学习结合在一起，注重学生的主体地位以及差异性。在这种模式之下，学生才能真正成为课堂的主人，从原来的被动接受知识转变成主动寻求知识。混合教学模式的教学媒体通常以计算机为主，通过多媒体链接与超文本运作等各种手段，为全体学生提供生动形象的人机交互界面，并且这样也更有益于凸显学生的主体地位。但是我们也应当意识到，网络学习对学生学习主动性、自制力等方面均提出了更高的要求。这是因为网络教学的教和学总是处于相互分离的状态，并且场地比较分散，学生有着较强的随意性，故对其学习的主动性和自控力提出了诸多要求。

（三）混合教学模式的作用

第一，计算机教学的课堂内容种类多，涵盖烦琐的理论知识和操作内容，这样就会在无形之中对学习者的学习能力提出更高的要求。灵活运用混合教学模式，教师能够为学生的线下课程提供指引，为学生熟练掌握相关知识点提供应有的保障。线上学习存在诸多优势，如弹性大、可重复等，对促进学生学习能力的提升有着积极意义，使得教师能更加从容地面对学生个体之间存在的差异性，以此来实现教与学的完美结合。

第二，使用混合教学模式可以有效增强教学的科学性。教师可以在指定时间开展丰富多彩的实践教学活动，并在最短的时间内给予学生反馈，有效解决教学单一化问题，继而促进学生学习水平的全面提升。

第三，可以增强教学资源管理的便捷性。教师利用课下或是业余时间将教学资源以数字化形式保存在网络上，为教学反思和资源循环使用提供更多的便利。

二、传统教学模式存在的弊端

在对以往的计算机课堂教学活动进行深度剖析以后可以发现，教师扮演主要角色，而学生扮演配角，传统教学模式把学生放在了被动接受知识的位置，缺乏对学生实践能力的培养。从当前的计算机教学现状来看，部分高校并没有深刻认识到计算机课堂的重要性，也没有对学生的个性化发展投以必要的重视，进而对计算机教学的健康发展带来了不利影响。传统教学模式存在的弊端主要体现在以下几个方面：一是没有对学生的个性化发展给予高度重视；二是师生、生生之间缺乏有效互动；三是忽视了对学生创造力的培养；四是不符合现代教学发展的需要。具体内容如下。

（一）没有对学生的个性化发展给予高度重视

计算机是一门灵活性很强的课程，其要求学生通过动手操作来探索与掌握计算机相关知识，灵活运用计算机软件提升自身的综合能力。但在以往的教学活动中，教师的教学手段往往过于单一化，课堂教学内容缺乏创新性，教师是课堂的主导者，把握着学生的每一个行为，久而久之就会影响学生思考探索的主动性。不仅如此，教师主导的课堂教学限制了学生的发声，致使其在思考问题时无法充分发散自身的思维，显然这对学生自主发现问题、探索问题、解决问题带来严重的影响，更不利于学生的个性化发展。

（二）师生、生生之间缺乏有效互动

在传统计算机教学模式中，一些计算机教师在开展教学活动期间总是采取"满堂灌"的形式把所有理论知识都传授给学生，显然这样就会导致师生之间、学生之间缺少必要的沟通。有些教师还把小组讨论学习当作浪费时间的行为，阻碍了学生对教学内容的发散性思考，也没有为学生提供一个可以发挥自身优势的平台，长此以往，就会导致学生缺乏对教学内容的创新思考。

（三）忽视了对学生创造力的培养

我们都知道，传统教学模式主要是把理论知识传授给学生，大部分教师往往将目光放在了知识的传授上面，而没有对知识的延伸予以高度重视，只重视书面成绩，却没有将时间和精力投入对学生综合能力的培养，导致学生的理论知识无法应用于实践活动。久而久之，这会对学生创造力的发展带来不利影响。

（四）不符合现代教学发展的需要

随着我国社会经济的快速发展，计算机技术慢慢演变成为现阶段引领产业创新转型的关键技术，并在相关领域中得到了广泛的认可与推崇，这就要求计算机教师必须采取具有针对性的手段将学生的计算机应用水平加以提升。传统教学模式早已无法紧跟时代的脚步，制订出切实可行的教学模式对促进我国计算机教育发展有着积极的意义。

三、混合教学模式的具体应用

为了激发学生的学习主动性，计算机教师在开展计算机教学期间，应当采取具有针对性的手段营造出轻松、愉快的课堂氛围，推动学生成为课堂真正意义上的主人。为了进一步提高学生的创新能力，教师还应当紧跟时代的脚步，积极使用新型教学手段，传授学生学习技巧，教师在整个环节中所扮演的角色是引导者，而不是把学生当作知识的"容器"。不仅如此，教师还应当引导学生进行自主探究，灵活运用各种手段来激发他们的创新思维。要想构建起满足计算机教学需求的混合教学模式，应当做好以下几点。

（一）教学前期

教学前期主要分为以下两个部分：课前分析和课前预习。在课前分析时，对教学对象和教学安排的剖析是不可或缺的步骤。计算机教学活动所面向的学生群体来源于以下两个方面：一是来源于不同的年级，二是来源于不同的专业。不同专业的学习人数非常多，其学习能力也存在着较大的差别，在对教学对象进行深度剖析时，教师应当对每一个对象的专业情况、学习状况等做到了如指掌。除此之外，教师在开展计算机教学活动的课前分析阶段一定要熟练掌握课堂的安排状况，其中包含以下几个方面：授课地点、授课设备、课时安排、考试方式、考核比例等。在课前预习时，为了后续教学活动可以有条不紊地进行下去，教师应当在每一次开展教学活动之前把相关教学资源通过网络充分展示出来，目的是使学生更方便地进行课前预习，促使其熟练掌握课堂内容并提出疑问。不仅如此，教师还应当在指定的时间内为每一次的教学活动制订出切实可行的教学目标，以此来科学引导课堂教学。

（二）教学中期

第一，要想促进混合教学模式渗透到高校计算机教学活动当中，那么在教学中期，即在开展教学活动的时候，计算机教师应当采取必要措施把传统的面对面课堂教学有机地和线上网络教学结合在一起，还要在充分结合学生学习特点的基础上开展相应的教学设计工作。值得一提的是，教师在应用混合教学模式开展教学活动期间一定要扮演好引导者的角色，并且所设计的教学内容一定要确保突出学生的主体地位，让他们成为课堂的主人，只有这样才能促进其综合能力的全面提升。作为一名计算机教师，在开展计算机教学活动的过程中，不仅要阐述教学内容的难点与重点，还要事先预测学生上课时提出的问题并进行解答。

第二，为了将混合教学模式与计算机课堂教学深度融合，教师应当在充分结合所授内容的基础上设计与之相匹配的课堂练习，可采取小组讨论的方式进行，把学习程度不同的学生放在同一个小组中，这样做的目的是使得小组内部形成"互帮互助、共同进步"的局面，继而从根本上提升课堂教学效果。

第三，为了避免学生在自主探索期间不知从哪学起的尴尬局面，计算机教师在运用混合教学模式进行课堂练习活动期间，一定要增加与学生沟通的次数，目的是促使他们在问题探讨时可以对相关学习技巧做到了如指掌，继而为学生营造出轻松、愉快的学习氛围。

第四，混合教学模式注重学生的个性化培养，计算机教师还应当将目光放在学生个体发展上面，并在此基础上做到因材施教，结合每一名学生的学习状况采取与之相匹配的教学手段进行科学引导，熟练掌握学生的个体特征，保障他们可以成为课堂真正的主人。

（三）教学后期

一堂课的时间只有不到 1 个小时，但由于每一名学生接受知识的能力不一样，所以为了进一步提高学生的学习水平，计算机教师应当在课堂教学活动结束以后进行线下指导，即将事先制作好的视频上传到指定的网站或是学习平台上，并在此基础上布置相应的练习题让学生练习。不仅如此，计算机教师还可以在每周指定的一天把带有典型案例的资源也一同上传到网络或是学习平台中，这样做是为了拓宽学生的知识面，在必要的情况下，还可以使用相关软件和学生进行沟通。除此之外，教学评价在混合教学模式中扮演着重要的角色。之所以这样说，是因为以往教学活动中的教学评价总是更倾向于课后总结，而混合教学模式当中的教学评价则侧重于教学过程，评价内容主要包含以下两个方面：一是对学生的课堂学习评价，二是课后考核评价。

综上所述，随着计算机技术发挥的作用越来越大，逐渐演变成为人们学习和工作不可或缺的工具。因此，计算机教师一定要采取针对性手段将计算机的理论知识与实践操作有机地结合起来，并在此基础上把混合教学模式渗透到日常教学活动中，只有这样才能促使其发挥出最大的作用。

第四节　基于就业导向的高校计算机应用技术教学

21 世纪是信息化的时代，随着社会发展进程的加快，各行各业对于信息人才的需求量越来越大，对人才质量的要求也越来越高。在这样的大环境下，高校计算机教师必须紧跟潮流，以促进学生更好就业为目标进行教学改革，使学生学到扎实且符合当前社会发展需求的计算机知识与技术，以此提升学生的信息素养。

为了更好地服务于经济高质量发展，高校必须根据当前的就业需求进行教育改革，依据当前社会对现代化人才的要求和具体职位的岗位需求等调整教学策略，尤其是计算机应用技术这门学科，教师应当密切关注当前的就业形势，在此基础上进行教学方法的改革和教学内容的优化，为社会培养出具有较高信息素养的现代化人才。

众所周知，信息技术的发展速度非常快，这也意味着计算机知识有着非常快的更新速度。现如今，部分高校计算机应用技术教学仍然采取理论考试与教材学习相结合的教学模式，没有在教学体系中引入以就业为导向的教学方式。与此同时，用于计算机应用技术教学的软件存在版本过时的问题，实用性较低，这让学生适应当前就业的能力受到严重限制。

就当前社会对现代化人才的需求情况来看，计算机人才不仅要具备一定的学习能力，还要具备动手实践能力。换言之，具有全面素质的学生相较于单纯成绩好的学生在社会上更受欢迎。但是，目前高校计算机应用技术教学只注重理论内容的传授，忽视了学生实践能力的培养，学生动手操作能力较弱。正因为如此，很多学生走上社会后不能适应相关岗位需要，不能在工作中有效应用自己学到的知识，导致就业情况不甚理想。

高校计算机教师通常是毕业后就走上了教学岗位，缺乏实际工作经验。所以，部分教师虽然理论知识丰富扎实，但实践能力却比较差。再加上一些教师习惯性"闭门造车"，对当下的就业形势关注度不够，不了解当前社会的人才需求，在进行教学改革的时候不知道从何处着手。这也是高校计算机专业学生在参与项目化实践活动中遇到问题难以得到教师支持和指导的原因之一，这对计算机应用技术教学实效性的提升造成一定的阻碍。开展基于就业导向的高校计算机应用技术教学，需要做如下几个方面的工作。

一、加强计算机师资队伍的建设

教育教学取得怎样的教学效果，在很大程度上取决于教师的教学能力。前文中也说到，当下高校计算机教师普遍存在理论知识丰富但实践能力不足的问题，这在一定程度上阻碍了学生实践能力的提升。在以就业为导向的高校计算机应用技术教学中，要想实现顺利改革，必须加强计算机师资队伍的建设。一般来说，对教师综合素质的提升可以从以下两个途径实现。

（一）加强对现有计算机教师的考核和培训力度

信息技术的发展速度比较快，计算机知识和技能的更新速度也比较快，教师必须不断学习，才能进行有效教学。对于现有的计算机教师，学校要进一步强化考核和培训。首先，针对计算机教师的教学能力进行培训，包括职业素养、职业技能等，并在此基础上对教师进行考核和评价，评分低的教师需要进行再次培训。其次，学校要鼓励计算机教师多参加各种业余学习，如学习计算机软件、计算机技术等。最后，学校要尽可能多地给计算机教师提供参加学习交流的机会，使教师在参观交流的过程中积极借鉴他人的教学经验，吸收新的教学理念和教学方法，并根据实际将其合理地运用到课堂教学之中。

（二）引进企业实践经验丰富的计算机教师

在以就业为导向的计算机应用技术教学中，教师要专注于学生就业能力的提升，在给学生传授计算机知识的同时致力于学生职业素养的培养，这就需要具有丰富企业实践经验的教师进行教学。为了实现这一目标，学校可以引进优秀的计算机教师，特别是有着较强计算机实操能力的教师，如在软件公司做过编程、软件开发等工作的专业人员，这样的计算机教师可以在课堂教学中给学生传授丰富的职业技能和企业工作经验，有利于形成学生的就业优势。

二、创新和改进计算机教学模式

在基于就业导向的计算机应用技术教学中，教师要摒弃传统的灌输式教学模式，适当地采取以下几种教学方法，以促进学生知识的理解和实践能力的提升。

（一）案例教学法

在计算机应用技术教学中，仅仅对计算机理论知识进行讲解，让学生通过死记硬背的方式记住知识的方法是不可行的，这不仅会降低学生的知识吸收率，也不利于学生对计算机知识技能的理解和掌握，甚至会让学生逐渐丧失学习兴趣。案例教学法是一个可取措施。教师可以在课堂上引进各种成功的计算机技术应用案例，并根据这些案例和教学目标设置一些思考题，利用这些思考题激活学生的创新思维，加深学生对案例的理解，帮助学生进一步巩固知识。

（二）任务驱动法

要想提升高校学生的就业能力，计算机应用技术教学不仅要传授学生计算机知识，还要加强对学生创新精神和团队意识的培养。传统的教学方法很难实现这个教学目标，但任务驱动法的运用可以促进这一目标的落实。在实际教学过程中，计算机教师可以结合教学内容给学生设置合适的学习任务，如设计个人网站、制作小程序等。然后进行小组学习，让学生以小组为单位互相讨论任务完成情况，各自交流彼此的看法和观点。

三、建立完善的计算机课程体系

完善的计算机课程体系是计算机教学取得实效性的前提和基础。前文中也说到，当下高校计算机应用技术教学中存在教学内容与当前社会脱节的问题。对于这一问题，计算机教师必须予以高度重视，在教学过程中不仅要对学生进行研究，对教材进行钻研，还要密切关注当前的社会就业形势，时刻了解社会的发展动态，尤其是专业对应的岗位对人才信息素养的需求变化。教师要根据社会发展动态对教学内容进行调整和优化，尽可能地将最前沿的计算机软件知识传授给学生，以此开阔学生视野，提升学生职业素养。例如，学生将来从事的职业要求求职人员必须掌握某一项新的软件，教师也应当及时学习，在自己充分掌握的前提下将其融入教学内容，在课堂上对学生进行指导，以此提升学生的核心竞争力。除此之外，计算机教师在做好理论知识教学的同时，还要重视并加强对学生的实践训练，例如，开展丰富多彩的计算机实践活动，举办网页设计大赛、PPT 制作大赛等，以此提升学生的计算机应用能力，同时培养学生的表达能力和应变能力，使学生的综合素质得到全面发展。

在当前竞争激烈的就业环境下，站在就业的角度对高校计算机应用技术教学改革非常有必要，这样可以提升教学的针对性和实效性，有助于培养学生的专业素养和核心竞争力，既有利于学生今后更好的就业，也有利于企业获得合格的复合型人才，还能促进高校计算机教学事业取得长足发展，可谓一举三得。所以，高校计算机应用技术应当以促进学生就业为导向加快教学改革步伐。

第五节　高校计算机教学中项目教学法的应用

目前，计算机技术已经广泛应用于人们日常生活的各个方面，将计算机的理论知识应用于实践，实现了实时信息共享，人们随时随地获取各种信息资讯。因此，高质量计算机人才的培养需求也越来越迫切。传统的教学模式存在一定的缺陷，在教学方法的变革中，项目教学法脱颖而出，其以有利于提高学生创新实践能力的特点受到众多高校的普遍认可。在高校计算机教学中应用项目教学法，能有效提高学生的自主学习积极性。可以说，项目教学法的应用为培养高质量的综合性计算机人才提供了新的思路，为计算机专业的学生适应社会需求、提高就业竞争力提供了极其重要的帮助。

一、项目教学法概述

（一）项目教学法的定义

在 21 世纪初，我国教育领域引入了项目教学法，这是一种通过教师与学生共同完成某个完整的项目，学生自主学习、教师辅助指导、师生协作来进行教学活动的方法。这种教学方法在形式上拉近了教师与学生之间的距离，教师与学生互相协作、共同配合，将理论知识与实践过程紧密联系在一起，在实施过程中也很好地拓展了学生的思维，锻炼了学生的实践能力。

（二）项目教学法的特点

项目教学法主要包括设计、实施、评价三个环节。首先是教学场景的设计，确定项目的任务目标与实施计划。其次是学生独立探索实施，划分项目小组互相协作完成项目。最后是教师的评价环节，包括项目小组之间的互评自评以及教师对每个项目小组完成情况的优缺点评定。所以，与其他传统的教学方法相比，项目教学法有以下几个明显的特点。

第一，教学效果好，教学周期短，伴随着项目的完成，教学活动也完成了。

第二，有很明确的成果，便于师生根据项目的完成情况共同评价工作成果。

第三，教师与学生共同协作，教师辅导，学生实践，提升了学习效率。

第四，理论与实践相结合，使所学的理论知识具有实际的应用价值。

第五，可以锻炼学生的实际操作能力，在增强学习兴趣的同时提高创造力。

（三）项目教学法的原则

项目教学法主要强调的是学生在教师的辅导帮助之下，主动研究构建自己的知识体系框架，而不是一味地被动接受理论知识。与传统的教学方法相比，项目教学法遵循着以下几个教学原则：①以学生为中心，教师为辅助；②以项目为中心，课本为辅助；③以理论与实践结合为中心，课堂讲解为辅助；④以知识与能力训练为中心，科学知识为辅助；⑤以项目任务目标为中心，其他环节为辅助。

二、高校计算机教学中项目教学法的应用过程

（一）善于储备知识，打好理论基础

在项目开展之前，教师和学生都应该完善自身的知识储备，保证储备充足的理论知识，为实践操作打下坚实的基础。因此，为了确保项目的顺利完成，达到学习目的，在项目开始前需要做到以下几点：第一，教师详细讲解计算机理论的重点难点，便于学生理解和消化项目中的知识；第二，培养学生的创新思维与创新意识，锻炼学生自己思考问题、解决问题的能力；第三，加强了解项目环境，侧重讲解操作技巧以减少在项目实际操作过程中的失误。

（二）划分项目小组，平衡综合实力

划分项目小组对整体项目的完成起到很重要的作用。由于不同学生的理论知识水平以及实际操作能力都有差异，所以在项目研究过程中，教师应根据学生间的差异来平衡项目小组的综合实力，根据每个人的特长来分配适合的任务，以此提高学生的积极性、增强学生的自信心。各个项目小组之间的互相协作再加上教师的指导，最终完成项目的研究目标。

（三）创造项目环境，设计项目环节

在高校计算机教学过程中，运用项目教学法的关键在于项目的设计。因为项目是高校计算机专业学生学习和研究的主要对象，所以在高校计算机教学中运用项目教学法的重点应该放在创造项目环境、设评项目环节上，将计算机课程的重点难点与教学重点结合设计为项目的一部分，可以更好地让计算机专业的学生理解计算机知识、掌握计算机技能。与此同时，还要控制项目的难易度，过于简单或者过于复杂都不利于学生的学习，太过简单不利于深度掌握知识，太过复杂不利于提升学习积极性，也会影响学生的自信。因此，良好的项目环境、难度适中的项目设计是项目教学法应用于高校计算机教学的重点。

（四）制订实施方案，演示操作流程

在项目的研究过程中，实施方案是对项目的整体规划，关系着整个项目的成败，因此在项目教学法中教师应辅导学生确定具体的实施方案。首先，在理论方

面对计算机的理论知识体系进行分析，筛选出重点和难点知识作为研究的基础。其次，教师应该为学生讲解具体的项目研究程序、简单地演示操作过程。最后，教师应该引导学生确定项目名称、操作流程、角色分工和展示方法等，确保学生在项目的实现过程中减少失误，完成最终目标。

（五）确定成员角色，小组分工协作

一方面，在高校计算机教学中应用项目教学法，采取划分项目小组、互相协作的方式在增强学生的学习积极性、促进互相之间交流配合的同时，也可以激发学生的创新思维，锻炼学生的沟通能力以及思考解决实际问题的能力，提高学生的沟通与表达能力。另一方面，项目教学法也利于小组成员之间互帮互助、取长补短，为完成项目目标共同努力。

在小组学习研究的过程中应注意两点：第一，确定小组的研究目标，使项目小组所有成员朝着共同的方向努力，在完成目标的过程中互相配合、互相学习；第二，根据每个学生不同的知识水平和学习能力进行定位，在促进个性发展的同时降低发生内部矛盾的可能性，例如，让管理能力强的学生作为项目总体负责人，而表达能力强的学生负责成果展示等。

（六）项目成果展示，问题分析评价

项目教学法的最后一个环节是项目成果的展示、项目实施过程中所遇到问题的分析讲解以及教师的评价。在展示的过程中，学生要负责说明整体项目研究的目的、遇到的问题、解决问题的过程。在评价的过程中，教师要负责对于学生在研究过程中的解决问题能力、寻求解决办法的良好思路以及小组协作能力给予鼓励，肯定学生的成果，同时指出学生在研究过程中出现的失误以及实际操作的不足，并给出相应的改进办法，以期促进学生更长久的进步，也供其他学生学习与借鉴。

三、应用项目教学法应注意的问题

（一）合理安排课时

在高校计算机教学中应用项目教学法的前提是针对具体的计算机研究项目搜集理论知识、设计实施方案、创造项目研究环境等，这需要教师与学生都投入大量的时间与精力。因此，高校应该注重课时的合理安排，保证教师在完成教学任务的同时也能够尽可能地为学生提供实践研究的机会。

（二）改进教学评价

与传统教学模式不同，项目教学法注重的是提升学生的实际操作能力，以及自主学习、自我思考解决问题的能力，培养其沟通协作能力与创新意识、创新思维。所以，在项目教学法中应该重视这几类综合能力的评价，不单单只看计算机理论知识的考试成绩，良好的教学评价体系是培养高质量人才的第一保证。

四、高校计算机教学中项目教学法的应用策略

（一）加强基础内容教学

项目教学法的实施是一个循序渐进的过程，而基础内容则是这一过程实施的必要前提和基本保障，只有学生先具备完善的专业知识才能使教学项目得以不断推进。所以，在高校计算机教学中教师就要着重加强基础内容教学，帮助学生做好项目学习的各项准备。一是对于计算机编程、数据库与网络、硬件等重点难点知识，要为学生进行详细讲解并组织相应的考核任务，确保每一位学生都能够理解和消化。二是在组织项目教学前要向学生介绍项目的研究环境、操作技巧、流程规划等一系列内容，使学生能够提前做到心中有数，避免在运行项目过程中出现失误和慌乱情况。三是要对学生的学习思维进行引导纠正，指导学生逐步改变以往的应试学习方法，缩短学生对项目教学适应期，从而达到事半功倍的效果。

（二）精心设计项目主题

高校计算机类课程教学内容比较复杂，既有办公软件使用等简单知识，又有代码编写、网络维护等深奥知识。因而，教师在应用项目教学法时要精心设计项目主题，遵循趣味性与挑战性相结合和理论性与实用性相结合的原则，使学生既可以在项目学习中学到相应的知识和技能，也可以逐步培养自身对计算机的兴趣，提高学生的学习成就感。例如，根据当前移动互联网背景下计算机的发展趋势，教师可以为学生制订"制作手机游戏"的项目主题，为学生布置编写项目计划书、设计游戏界面、编写游戏代码以及上架应用商店的具体环节，通过将完整的软件开发流程融入教学项目中，就可以为学生的持续性学习指明前进方向，使学生能够由浅入深逐步完善自身的计算机知识架构。

（三）合理划分项目小组

项目小组是项目教学法实施的基本形式，也是影响项目教学法落实情况的重要因素。所以，在高校计算机教学中，教师要合理划分项目小组，注意每个学生

之间知识水平与实践能力的差异，为学生创造出互帮互助的积极学习环境，并且要使每个小组之间的实力保持在同一水平，从而引导学生互相竞争，挖掘学生的内在学习潜力。如对于"制作手机游戏"这一项目，教师可以规定每组成员为3～6人，先由学生按照自身意愿自由分组，再由教师根据具体情况进行调整，使每个小组内都有成绩好和成绩稍弱的学生互相搭配，而后为每个小组指定一位综合能力较强的学生担任组长，并由组长对组员进行学习分工，将项目的各个学习内容分派到学生身上。

（四）尊重学生主体地位

项目教学法是以学生为中心的一种教学方法，其强调在项目实施过程中，学生是唯一的主体，而教师则担任辅助性的角色。因此，在高校计算机教学中，教师要着力尊重并保障学生的学习主体地位，改变以往直接向学生传授知识结果的模式，指导学生在项目学习中逐步掌握学习方法，为学生提供自由发挥的空间和平台，使学生能够发散思维，不断积累有益学习经验。例如，在"制作手机游戏"这一项目代码编写环节，学生很容易遇到困难，不知道该选择何种设计模式，不知道该如何适配不同手机的 UI 界面，这时教师不能直接给出答案，而应该指导学生到专业论坛、网络社区等网站了解其他软件开发者的相关意见和经验，并为学生提供相应的微课视频供学生自主学习，使学生能够完整地掌握项目实施的各方面因素，促进学生在项目体验中培养自身的探究意识和创新精神。

（五）多维评价项目成果

项目评价是项目教学法实施的最终环节，也是教师总结教学过程与学生总结学习过程的重要阶段。在这一阶段，教师要改变以往"唯分数论"的评价方式，从项目实施的具体过程出发，从不同维度对学生学习情况进行点评，使学生能够清晰准确地认识到自身学习中的优点与不足。例如，在"制作手机游戏"这一项目完成后，教师可以先让学生进行自评和小组进行互评，引导学生从学习者和参与者角度进行反思，而后，教师再根据项目反馈制订评价表，其中包含学习态度、项目结果、进步幅度、项目问题等各方面标准，并依据这些内容给学生进行打分，对学生做出过程性评价。对于分数较高的学生和小组，教师要提出表扬和奖励，并鼓励其到讲台上分享学习经验；对于分数较低的学生和小组，则要适当批评，指导其深刻认识到学习的薄弱环节，从而实现共同进步、共同提高的良好教学局面。

项目教学法是进行高校计算机教学的一种高效优质方法，教师可以从加强基础教学、精心设计主题、合理划分小组、尊重学生主体地位以及多维评价项目等方面入手，合理开展项目教学活动，使学生逐渐学会计算机，并学精计算机。

第六节　微课教学模式在高校计算机基础课程教学中的应用

随着社会的发展，高校对计算机基础课程教学越来越重视，笔者针对目前计算机基础课程教学中存在的不足，通过对微课教学的研究及优势分析，提出基于微课的信息化高校计算机基础课程教学模式，并且将微课教学与传统教学相结合，采用微课作为课堂教学的补充，使微课成为计算机基础课程教学的有效方式，从而提高教学效果。

随着现代社会科学技术的迅猛发展，以及新课程改革进程的深入推进，计算机技能不仅成为当代大学生所必须具备的基本素质，同时还要求学生对其进行良好的掌握，实现全面发展。高校计算机基础课程是我国高等学校培养大学生掌握计算机基础知识、基本概念和基本操作技能所必修的一门课程，通过教学实践，培养学生的信息技术知识、能力与素养，使学生成为满足社会需求的技能型、复合型人才。微课是现代信息化教学的必然产物，是以课程软件为教学载体，以短小精悍、知识点清晰等优势著称的一种教学方法。在高校计算机基础课程教学改革中引入微课教学模式，可以将现代的教学手段与传统的教学方法相互结合，形成良性互补和有益延伸，有利于提高课堂教学效果和教学质量，提升学生的自主学习能力和创新能力。

一、高校计算机基础课程教学现状及问题

（一）课程教学大纲及知识体系与学生实际需求之间的矛盾

高校计算机基础课程教学旨在通过全面、概括性的计算机科学基础知识和理论的课堂学习与必要的实践，使学生能够掌握基本的计算机操作和使用技能，提升自身使用计算机搜索处理数据的能力，具备利用计算机获取知识、分析问题、解决问题的意识和能力。

当前高校计算机基础课程主要的教学内容包括：计算机基础知识、Windows基本操作、Word 文字处理、Excel 电子表格处理、PPT 演示文稿处理、计算机网络基础、网页制作、多媒体技术基础、信息安全等。由于知识点较多但课时有限等原因，以上科目都是对基础操作的讲解，只是比较简单的介绍，这已无法满足学生在未来就业时企业的要求及自身专业发展的需求。同时，由于高校学生来自不同地区，区域信息化水平的不同及学习能力的差异使学生在学习中表现得参差不齐，故教师在教学中很难统筹兼顾、因材施教，影响教学成效。

（二）课程教学评价体系与教师教学目标之间的差异

大部分高校当前仍然以学生期末考试的及格率或参加全国计算机等级考试的过级率为计算机基础课程教学质量考核评价的评判依据。这就造成了教师对计算机基础课程的定位不够清晰，更多时候把精力放在应对提高及格率或过级率上，采用理论课上对考试题库里的题目进行讲授、演示，学生在实践课上对这些题目进行操作练习的教学方式，忽视各专业的特有需求。这使一部分学生平时不认真学习，考前搞突击，只要在考前把题库里的题目练习背熟，就可以通过期末考试。这种教学方式和手段无法激发和提高学生自主学习的意识以及自主研讨和解决实际问题的能力，考试的成绩也无法真实地反映学生对计算机基础课程知识模块的掌握程度，难以较为全面客观地考察、评价学生的学习状态和学习效果。这种评价方式不仅影响学生学习的积极主动性，还阻碍了提高学生课程综合能力这一培养目标的实现。

（三）以教师为中心，忽视学生个性差异

部分教师在计算机基础课程的教学中，为了在有限的课时内完成教学任务，强调教师的主导作用，忽视学生的主体地位，往往采用传统教学的"填鸭式"和"满堂灌"授课方式，缺少师生互动、研讨环节。由于教学方法单一、僵化，容易使学生成为教学的被动者和知识的接受者。计算机基础课程都是针对大一新生开设的，然而新生在计算机技术掌握、知识接受能力等方面原本就存在较大差异，在这种统一教学内容和进度的教学前提下，教师主导的授课方式会在更大程度上使得差异扩大，出现学生"吃不饱"和"吃不了"的现象。

（四）教学课时不足与教学模式深入改革之间的矛盾

根据各高校的人才培养方案，许多高校对计算机基础课程教学进行改革，教

学模式由"教—学"改变为"教—学—做"一体化。然而计算机基础课程大多只开一个学期，理论和实践操作两者的总课时大都在 64～76 个学时。由于教学大纲中的知识点很多，这与有限的课时之间存在矛盾，导致教师在教学环节中无法较深入地讲解或剖析重点和难点，学生在学与做的环节中只掌握较简单的知识点和最基本的操作，无法真正将知识点学透，更无法提升自身的计算思维能力及综合应用能力。

二、微课教学模式在高校计算机基础课程教学中的优势

微课是以微型教学视频为主要载体，针对某个学科知识点（如重点、难点、疑点、考点等）或教学环节（如学习活动、主题、实验、任务等）而设计开发的一种情景化、支持多种学习方式的新型在线网络视频课程，它不受时间和空间的限制，具有主题明确、高效便捷、短小精悍、便于移动学习的特性和优势。由于微课具有对内容把握的灵活性，对重点、难点、疑点、主题及活动等把握的准确性，对教学过程的安排具有探究性，对教学内容的设计具有完整性，对学习者而言具有趣味性的特征，能够增强教学效果，使得微课能在计算机基础课程教学中得以应用和推广。

三、微课教学模式在高校计算机基础课程教学中的具体应用

（一）微课教学模式与传统模式相融合

微课以一定的组织关系和呈现方式营造了一个半结构化、主题式的资源环境。微课讲授的内容呈点状、碎片化，这些知识点既可以是知识解读、问题探讨、重难点突破、要点归纳，也可以是学习方法、生活技巧等技能方面的知识讲解和展示。所以，对于一个完整的教学过程而言，微课教学的内容仅是这堂课的一部分，如果把课堂教学视为一个整体、一个面，那微课教学便是这个面上闪耀着的有限个点，即微课教学只是课堂教学的补充，是为了提高教学质量而进行的，并不能完全代替正常的课堂教学。因此，微课教学只有与课堂教学中的目标体系、内容等相融合，才能成为教学有效的、有益的补充。

（二）高校计算机基础课程教学中的微课教学模式设计

从教与学的角度分析，微课在计算机基础课程教学的应用可以分为教师授课和学生自主学习两方面。现在将这两方面融合进教学过程设计，则微课教学模式下的计算机基础课程教学包括构建新知导读设计，强化知识及信息素养设计，加

强自主学习、培养计算思维设计，巩固已知、测试评价设计。

1. 构建新知导读设计

计算机基础课程涉及的内容较多，操作实践性也较强，但学生在学习新课时，对该课的学习目标、知识体系等一知半解，故教师在设计微课教学时，应以学生的个性和课程的特点为基础，灵活设计教学方法及学习计划，以学生所学过的基础知识及新课所需的衔接知识制作创新的、启发式的导读微课，并且让学生在课前提前观看、学习。这样学生的学习就具有了针对性，并对将要学的知识有一定的感性认识，为学习新知识做准备，从而激发学生的求知欲和兴趣。

2. 强化知识及信息素养设计

教师在进行微课教学设计时，要体现出微课教学模式的碎片化、高效化特点，要基于知识情节，结合专业背景，并坚持从学生角度出发，适当加入与学生本专业相关的信息。因此，微课中的内容要有的放矢、强化突出，使学生对视频内容强化记忆、强化理解，进而更好地培养学生的信息素养，让微课成为课堂教学的重要补充。教师可以将整个教学切片，一个切片可以是一个知识点，也可以是一个疑难问题、一个重点、一个议题等，每一个切片制作成一个微课，然后对这些切片进行分类。分类的方式可以按难易程度、形式、层次或主题等，学生可以根据自己掌握的情况、兴趣等选择相应的微课进行学习。在学习的过程中，学生可自行掌握学习程度，调节、控制播放次数、进度，通过有目的地选择学习内容，达到不断强化学习知识和培养信息素养的目标，使得不同层面的学生得到不同程度的提高。

3. 加强自主学习，培养计算思维设计

计算机基础课程包括理论知识和操作实践两大部分，学生仅通过课堂教学是较难完全掌握全部所学知识的，所以教师可以设计多种形式的微课推送给学生，引导学生自主学习。为了增强学生的自主学习意识，教师可以采用任务驱动的方法，以生活实际中与教学联系紧密的案例为载体，合理引入学生可以接受的具有综合性及创新性的思维扩展类的学习任务，并激励学生积极主动寻求解决问题的思路，继而培养学生的探索精神和创新思维。同时，在微课教学过程中，还需对完成以上任务所需的知识内容、解决途径以及在解决问题的过程中出现的情况做一一讲解，并引导学生运用计算思维方法完成任务，使学生从中获得成就感，从而提高学生的学习自主性。

4.巩固已知，测试评价设计

课堂学习的结束并不表示学生对此节课中的内容已全部掌握，教师要把一些操作性微课上传到网络平台系统，让学生能够充分练习巩固，便于学生有针对性地复习课程新旧知识，提高实践技能。同时，学生利用微课系统平台中的评价资源进行自我测试评估，及时了解自己的知识掌握情况，从而按需学习、查缺补漏。此外，教师也可以通过这个评价系统，了解学生的微课学习情况，展开针对性指导，提升教学效果，并且可以从中了解自己在教学中的不足，完善提高教师自身的教学。

微课课程作为一种新兴的教育模式，其应用有效提高了计算机教学质量，成为传统教学的有益补充，同时改变了学生学习方式，取得了一定的教学效果。

第六章　基于不同教学方法的计算机教学创新能力培养

第一节　基于"引导—探究—发展"教学模式的计算机教学创新能力培养

现代教育技术是帮助实现计算机创新能力培养的重要手段，利用现代教育技术创设有效的教学环境，并基于"引导—探究—发展"教学模式进行合作探究学习，是探索计算机创新能力培养的新思路。

一、技术课程传统教学模式分析

综观国内技术教育课的教学模式，"讲解—操练式"的教学模式仍然占据着绝对的统治地位，教学紧紧围绕实用展开，强调对技术经验、技巧的直观体验，缺少原理分析、理论推演和技术思想方法的提炼，甚至把计算机课干脆按部就班地当成以往的劳动技术课来上，致使教学目标单一，仅注重知识和技能的传授，忽视了对技术思想和方法、情感态度和价值观的培养。传统教学模式的教学过程乏味，重视的是制作产品的结果，而忽视设计方案形成的过程、方案转化成产品的过程以及交流和评价的过程。另外，在传统教学模式中，教学主体缺失，教学活动围绕着教师展开，学生习惯了被动、机械地接受知识，缺乏自主探索的过程，创新思维得不到训练，个性和创新能力得不到发展。因此，在计算机教学中建构有效的教学模式来培养学生的创新能力成为计算机教师努力探索的重要方向。

有效的技术教学模式的建构并不是完全摒弃传统技术教学模式的，而是在对传统技术教学模式有选择地吸收和借鉴的基础上应用现代教育技术来构建，充分发挥以多媒体与网络技术为核心的现代教育技术的优势，把它作为学生的认知工具。通过学生的参与，该模式能够激发学生创新意识，培养学生创新精神，提高学生创新能力。

二、新型教学模式的理论基础——建构主义学习理论

建构主义学习理论认为，知识不是通过他人传授而得到的，而是学习者在一定的情境，即社会文化背景下，借助他人，包括教师和学习伙伴的帮助，利用必要的学习资料包括文字教材、音像资料、多媒体课件、软件工具以及从网络上获取的各种教学信息等，通过意义建构的方式而获得的。它提倡的是教师指导下的以学生为中心的学习。学生是知识意义的主动建构者，教师是教学过程的组织者、帮助者、引导者和促进者；教材所提供的知识不再是教师讲授的内容，而是学生主动建构意义的对象；媒体也不再是帮助教师传授知识的手段和方法，而是用来创设情境，进行协作式学习和会话交流，即作为学生主动学习、协作式探索的认知工具。这意味着"情境""协作""会话"和"意义建构"是学习环境中的四大要素，在新型教学模式的构建中必须考虑在教学过程中如何依据教学目标创设有利于学生建构意义的情境，如何组织和引导学生进行协作式学习和会话交流，如何帮助学生实现意义建构。

三、基于"引导—探究—发展"教学模式的计算机教学

在辩证唯物主义和建构主义学习理论的指导下，笔者在研究和借鉴了基于信息技术的三种教学模式，即自主教学模式、合作教学模式及探究教学模式，根据创新能力培养内容、计算机课程的特点以及计算机课程的实践教学，提出了"引导—探究—发展"的教学模式。其特点包括：首先，教师利用多媒体精心创设有利于引导学生发现要解决的问题的情境，激发学生探究、创造的欲望；其次，该模式注重学生带着问题先自主探究后协作讨论，再通过方案设计、交流评价，最终实现能力发展的过程，从而培养学生的创新能力；最后，教师是引导者也是合作者，师生共同参与教学，师生间、学生间的课堂互动及网际互动可增强学生的创新意识。该教学模式的具体教学过程如下所述。

（一）创设情境

创设情境，激发兴趣，引导学习是"引导—探究—发展"教学模式的前提和

基础。教师通过精心设计教学程序，利用多媒体组合创设与主题相关的、尽可能真实的教学情境，调动学生的思维，激发学生学习的兴趣，引导学生进入学习的情境。

（二）发现、提出问题

学生在教师精心创设的学习情境中，利用自己已有的知识信息及经验去认识和同化新知识，在新、旧知识结构之间建立起联系，并赋予新知识以某种意义，从而发现、提出有待解决的新问题。教师在此过程中注意培养学生发现和提出问题的能力，促使学生由过去的被动接受学习向主动探究学习发展。

（三）自主探究

自主探究是指学生在教师的启发引导下进行自主的、独立的分析与探究的过程。在这个过程中，网络技术为学生提供了充足的自主探究的时间和空间，学生可以通过网络查找资料、整理信息。学生始终是主动探索、思考、主动建构意义的认知主体，教师对学生的自主探究则进行适时的提示、引导与帮助，充分体现教师指导作用与学生主体作用的结合。

（四）协作讨论

协作讨论是在自主探究的基础上进行的。通过之前的自主探究，学生已经获得了一些主动建构的知识的雏形，他们亟须在教师的引导下与他人通过合作和沟通，以获取更为清晰和完善的新知识，并通过小组内不同观点的交锋、补充、修正，对知识产生新的洞察，可能擦出智慧与创新的火花，创造灵感由此而发，为下一步的设计方案和实现创新打下良好的基础。

（五）设计方案

通过组内协作讨论，解决问题的新思路已经较为清晰，接下来就是从多角度考虑方案的设计了。学生对新问题、新思路进行综合、再加工，教师及时引导学生对初步设计方案进行分析、比较、选择，以确定具体的设计方案。从设计方案的初步构思到多个方案的分析、比较、权衡、选择，再到方案的最终确定，学生亲身体验到设计并非高不可攀，人人都有创新能力，关键是如何去发展它。

（六）交流评价

设计方案确定后，学生通过实物展台、投影仪或网上邻居、多媒体电子教室终端，向其他小组成员展示设计方案，其他小组则对该方案提出异议或进行评议。在信息技术平台的支持下，多层次交流和评价以及教师与学生共同参与师生互动、生生互动的过程，为学生创新能力的发展提供肥沃的培养土壤。

（七）能力发展

能力发展是在教学的后期对学生整个学习过程的总结和提升，帮助学生沿着主动建构意义知识的框架逐步攀升，是进一步培养学生创新能力和实践能力的必经过程。在这个过程中，教师仍然起引导的作用，鼓励学生对主动建构的知识进行拓展，充分培养学生的创新意识和能力。

第二节　基于网络合作探究学习方式的计算机教学创新能力培养

学生学习方式的改变是课程改革的核心，也是培养学生创新能力的重要环节。改变学生的学习方式就是要让学生从单一、机械和被动的学习转向丰富、自主和主动学习，让学生真正成为学习的主体，促进学生的主体意识和创造性的不断发展，培养学生的创新思维能力。当今社会的发展离不开技术，技术在不断发展的同时又促进了新技术的出现和成熟，要想使得技术领域有所创新，自主探究、合作学习是必须提倡的学习方式。根据新课程理念和计算机课程内容广泛性的特点，本节着重探讨合作学习方式与探究学习方式，并研究在网络环境下如何将这两种学习方式结合应用于计算机教学的创新能力培养。

一、合作学习方式及其特点

合作学习是指学生在小组或团队中为了完成共同的任务，有明确的责任分工的互助性学习。合作学习可以促进学生之间的相互交流、共同发展，促进师生教学相长，是当前基础教育课程改革所提倡的学习方式之一。其有以下特点。

第一，小组成员有共同的学习目标，在学习过程中积极承担并履行共同任务中个人的责任，能积极地相互支持、配合。

第二，所有学生能进行有效的沟通，培养合作精神，建立并维系小组成员之间的相互信任关系，有效地解决组内冲突，在合作学习的相互交流中碰撞出创新思维的火花。

第三，小组成员能把个人完成的任务在小组内进行有效加工，这是体现合作的重要形式。

二、探究学习方式及其特点

计算机学科探究学习方式是指以学生的需要为出发点，以问题为载体，从学科领域或现实社会生活中选择和确定研究主题，创设一种类似于学术（或科学）研究的情境。学生通过自主、独立地发现问题、实验探究、操作、调查、信息收集与处理、表达与交流等，获得知识技能，发展情感与态度，培养探索精神和创新能力。其特点如下所述。

（一）过程性

探究学习重学习的过程，而非探究的结果；重知识技能的应用，而非掌握知识的数量；重亲身参与的感悟和体验，而非被动地接受知识和经验；重全员参与，而非只关注少数尖子学生。

（二）问题性

学生能够在一定的情境中发现问题。学生具有很强的好奇心和求知欲，当掌握了一定的技术知识和解决问题的方法后，学生就会发现生活中更多与计算机学科相关的问题。

（三）开放性

探究学习的内容非常广泛，如课堂上、教材中的许多探究点和专门的探究课程使学生在生活中也能够主动发现问题。学生还可以对社会和生产上的热点问题展开探究学习，如生成式人工智能、无人工厂等。探究学习的开放性还表现在适合各种层次的学生，培养学生创新思维能力，促进每一个学生创新能力的发展。

三、基于网络合作探究学习方式的计算机教学

技术学习内容的广泛性、复杂性和多样性，以及学生的不同特点，决定了计算机教学不能采用单一的学习方式，而应根据学习内容、学习目标、学生特点等对学习方式加以整合，灵活采取有效的学习方式。合作学习方式与探究学习方式的有机结合更能适应计算机课程中的设计与制作章节的学习，也称"合作探究学习方式"。

在合作探究学习方式中，教师仍然是引导者。教师要创造性地设计问题情境，引导学生思考、探究、发展，不应设置过多的框架限制学生的思考方向，强调学生通过合作探究去理解和运用知识，引导学生以主动、个性化、合作交流的方式学习。教师要为学生设计符合心理发展规律的学习活动，激发学生进一步探究的欲望，引导学生围绕问题的核心进行深度探索、思想碰撞等。教师也是合作者，在学生的合作探究活动中，教师要共同参与，成为他们中的一员，师生平等交流、共同合作。

随着网络技术的迅猛发展，网络为学生提供了非常丰富的学习资源，借助网络可以更好地开展合作探究学习。在合作探究过程中，学生为了更快地解决问题，寻找与问题相关的研究、探索和实践的材料，必然会借助网络的搜索引擎功能，快速地搜索相关信息，这可以大大节省时间，提高合作探究学习的效率。基于网络的学习资源有不受时空和地域限制的优点，每个学生可以在任意时间和地点，通过网络自由探究。基于网络的学习资源还能为学生提供图文并茂、丰富多彩的交互界面，容易激发学生的学习兴趣，为学生实现合作探究学习创造有利条件。学生可以在教师的指导下，通过社交媒体、群聊、在线学习平台等进行合作交流。教师也可以在学校网站上链接与计算机学科相关的资料等。合作探究学习过程中的交流讨论可以在组内直接提出，也可以通过网络在社交媒体、群聊、在线学习平台上进行。讨论的内容可以是与设计构思有关的问题，也可以是设计制作过程中碰到的困难，通过交流讨论，使疑难问题得到解决。

在合作探究学习过程中，教师的角色仍然是组织者、指导者、帮助者和鼓励者。教师要随时关注合作探究学习过程的进展，了解学生获取、分析、整理、加工信息的情况，为学生提供必要的帮助，在学生遇到困难时及时给予方法指导和意志激励。教师还可以参与到学生的合作探究中去，和学生一起探究问题，鼓励学生运用知识创新地解决问题。

在基于网络的合作探究学习方式中，学生通过观察生活和借助网络查找资料确定课题，接着开展合作探究学习。在探究过程中遇到难以解决的新问题时，其仍然可以充分利用网络优势快速搜索相关信息，通过在线平台进行网上协作，使疑难问题得以解决。在整个学习过程中，教师始终是学习的组织者、引导者，要重视教师主导作用的发挥，教师应随时关注合作探究学习过程的进展，提供必要的学习支持。这种基于网络的合作探究学习方式对学生创新能力的培养有很大的促进作用，对计算机这样一门生活气息浓厚并与生活实践紧密联系的综合性学科来说作用更大。计算机课程是培养学生创新意识和能力的重要载体，它立足于学生的直接经验和亲身经历，立足于"做中学"和"学中做"，以学生的亲手操作、亲历情境、亲身体验为基础，强调学生通过观察、调查、探究、设计、制作、试验等活动来发展实践能力和创新能力。计算机课程标准也提出了"网络可以突破时空的限制，快捷地为计算机教学提供崭新的平台，成为广泛交流与共享的课程资源。教师要充分利用各种网络为计算机课程教学服务，引导学生学会合理选择和有效利用网络资源"。因此，鼓励学生利用网络进行有效的学习具有极大的实践意义。

基于现代教育技术的"引导—探究—发展"教学模式主要侧重于从课堂教学现场着手探讨学生创新能力的培养。但课堂上只有短短几十分钟，学生是不可能完整体验探究、体验、操作等活动内容的，因此课后基于网络的合作探究学习方式是对基于现代教育技术的"引导—探究—发展"教学模式的一个重要补充，两者之间有交叉点，都是通过教师主导、学生探究来培养学生的创新能力，它们是相辅相成、密切联系的。

四、基于网络的计算机教学合作探究实践

（一）学生的主体性

在基于网络的计算机教学合作探究实践中，学生的观察、思考、探究、创新等活动的主动权完全掌握在学生的手中，同时和教师之间展开了平等的交流与合作，体现学生学习的主体性。可见，基于网络的学生合作探究过程更多地表现为一种创造的过程。在这个过程中，学生通过一个个技术问题的探究，通过一个个疑难问题的解决，通过一项项设计任务的完成，激发创造的欲望，享受创造的乐趣，培养自己在实践中不断创新的能力，形成积极进取、不畏困难、勇于创新的优良品质。教师作为学生合作探究学习过程的引导者、鼓励者和帮助者，要抓住时机培养学生创新的个性心理品质，包括创新意识、意志力、毅力、自信力、活力、积极、乐观、团队精神、合作精神等。计算机教育正是培养这些品质的良好载体，而基于网络的合作探究学习方式正是培养这些品质的重要途径。

（二）过程的可评价性

基于网络的计算机教学合作探究仍然需要注重教师对学生技术学习的评价。

教育评价的基本功能在于引导学生的进步，促进学生的发展。教师可以从课堂实地教学和网络上的小组论坛获取信息，对学生在知识与技能、过程与方法及情感态度与价值观等方面的学习过程和发展状况进行描述。

首先，对知识与技能的评价侧重倡导和鼓励有新意的技能、方法。

其次，对过程与方法的评价重在评价学生解决实际问题的能力和创新能力，如设计方案是否简单有效，是否有创意，作品能否满足设计要求等。为了突出评价学生的创新能力，教师需要了解学生信息的收集，方案的形成、转化，交流以及试验等过程的体验，了解在此过程中技术方法与创新能力的形成情况。这就要求教师全程参与，注重引导、观察以及对过程进行记录，教师与学生多种形式的交谈也是过程与方法评价的重要方式，如通过日常教学中与学生面对面的谈话以及网络在线讨论和答疑的形式，都可以及时地对学生进行评价。

最后，对情感态度与价值观的评价应着重从是否具有实事求是的态度，是否具有克服困难、解决难题的信心和意志，是否具有良好的合作精神，技术作品能否体现关爱自然、珍视生命等积极向上的情感等方面进行。教师还可以利用计算机生成学生设计方案及作品的评价量规，生成对班级学生或某个小组的作品评价结果分析报告，利用网络在线平台或班级群及时发布。这种基于网络的评价方式有利于进一步引导学生的学习活动，提高学生的技术素养和创新能力。

（三）教师的引导性

基于网络的合作探究学习方式充分体现了学生的主体地位，但教师的重要性容易被忽视。个别教师没意识到这一点，在学生设计实践的过程中未密切跟踪关注学生获取知识、将知识转化为技术的能力以及学生创新能力形成的情况，没有及时地通过课堂、课间及网络空间参与交流和评价，使师生间的沟通和交流脱钩。特别是个别学生由于缺乏基本的计算机操作能力和主动探索的意识，在网络的海洋里要么出现迷航现象，要么在学习过程中显得无所适从，这时教师引导作用的发挥不能忽视。因而采用基于网络的合作探究学习方式，教师应该始终意识到自己仍然是教学的组织者、指导者、促进者和帮助者，学生始终是在教师精心设计的网络学习环境中展开探究的。这样的学习才是真正有效的学习，这样的网络环境才是真正适合培养学生创新能力的良好环境。

第三节 基于研究性学习的计算机教学创新能力培养

一、传统的信息技术教学模式

信息技术课堂中"讲解—演示—上机练习"的教学模式仍然占据主流地位。以"字处理软件 Word 的使用"为例，教师首先打开 Word 字处理软件，接着进行软件的介绍，着重介绍了菜单栏和工具栏，对菜单栏中常用的菜单进行了详细的介绍。将软件的页面布局介绍清楚之后，教师打开一篇文章，进行演示操作，如段落的处理、文字的设置、图片的插入等。演示完成后，教师给学生机上发放一篇文章，并提出具体的要求，如字体字号的设置、段落的首行缩进、图片的位置大小等都要按照教师提出的要求来完成。在上机练习的过程中，多数学生无精打采，机械地重复教师刚刚进行的操作。

这样的教学模式也许教会了学生最基本的操作技能，却忽略了学生亲身参与研究探索的情感体验，抑制了学生学习信息技术的兴趣和动力。正是这种机械的学习方式，形成了学生的思维定式，抑制了学生创新思维的发展。

二、研究性学习在计算机教学中的应用

（一）教学实施

研究性学习的实施是一个复杂的过程，它对教师和学生来说是一个新的挑战。它要求教师给学生创造良好的教学环境，要求教师进行角色的转变。教学组织形式与传统教学不同，需要教师进行科学的安排，实现学生的研究性学习，使教学过程能够提高学生的各方面能力。

1. 实施策略

实行研究性学习应充分考虑到学生的特点。整个教学过程突出"以学生为主体"，目的是让学生掌握技能，掌握专业知识，培养他们的实际操作能力、自主探索能力和协作学习能力。在教学中，学生应处在一个良好的学习环境中，师生的角色要有正确的定位，教学组织形式要适合研究的开展，教学中要控制好实验设计。

（1）学习环境

环境是一种学习空间、场所，是一种支持性的力量。环境的要素主要包括资源、工具和人。对于研究性学习的环境，可以从以下三方面进行理解。①学习环境是为促进学生完成研究而创设的学习空间。②学习环境是帮助学生完成研究的各种支持性力量的结合。③研究性学习中，学习环境所支持的是以学生为中心的学习方式。

研究性学习的每个项目任务围绕着一个具有驱动性的问题而展开，学习者通过合作和讨论分析问题、搜集资料、确定方案步骤，合理利用知识工具和资源来解决问题。研究性学习是一种有着灵活的时间和空间安排的结构更松散的课堂，课程被看作一个整体，在课堂中用问题和主题组织学生的学习。

在研究性学习中，师生之间应进行充分有效的互动，形成学习共同体，以学生为中心进行探究、协作。教师要重视学习的社会性质，将课程看作一个整体，用问题和主题来组织学生的学习。在研究性学习环境建设中，要设计真实或仿真的学习任务，提供可供学生选择和促进任务完成的丰富资源和技术工具，营造良好的学习氛围，提供交流平台，让学生体验到学习的乐趣，感觉到自己在集体中的重要性。

（2）师生角色定位

课堂教学由三个基本成分组成，即教师、学生和课程。教师和学生是课堂教学中两个重要的因素，只有两方面紧密配合，才会产生好的教学效果。

传统的教学以教师为中心，学生被当作"容器"来填充知识，教学的核心任务是快速传递和掌握课程知识，师生关系是知识的传递者与接受者的关系。教学过程没有学生的主体参与，"教"和"学"处于分离状态。这种"填鸭式"的被动学习，学生没有从中体会到学习的乐趣，也抑制了学生的创造力，使学生产生依赖心理，甚至产生厌学情绪。现代教学是师生以活动为载体，充分发挥师生的主体性，师生共同探讨，"教"和"学"逐渐融合。在教学中，教师要放弃传统教学中的权威主义，建立新型的师生关系。教学中的教师和学生都是主体，教师是主导的主体，学生是主动的主体。学生主动参与、主动探究学习，形成一种和谐、民主、平等的师生关系。

在研究实施过程中，教师应充分调动学生的积极性，使学生能主动参与，发挥学生的能动性，培养学生自主创新、自主学习能力，形成批判性思维。教学中学生是主体，并不是说教师就不重要了，相反，教师的作用是不可替代的，在整个教学过程中教师应是学生的指导者、协作者、交流者。项目实施中，教师要密切注意学生的行为，发现学生可能存在的问题，并及时进行干预和调控。整个过程中，师生应是平等的、双向的、交互的。

（3）教学组织形式

要想达到教学目的，提高教学效果，必须运用一定的教学组织形式。教学组织形式是指为完成特定的教学任务，教师和学生按一定的要求组合起来进行活动的结构，是关于教学活动怎样组织以达到教学效果最佳的问题。教学组织从古至今一直在不断发展和改革，较为成熟的有班级授课制、分组教学、个别教学等。现在的教学组织形式大多还是班级授课制，这种方式的缺点是很难照顾到个别差异，不利于学生的个性发展和创造性思维的形成。分组教学既可以照顾学生的个别差异问题，又可以保持班级教学的规模效益。它是按学生的能力或学习成绩分为不同的组进行教学的组织形式，它突出了小组作为一种结构在教学组织中的重要性。研究性学习是一种具有探索性的学习形式，其组织形式一般有小组合作研究、个人独立研究、小组合作和个人探究相结合等方式。由此看来，分组教学是研究性学习的主要组织形式。

（4）小组管理

研究性学习中，小组效能的发挥既取决于分组，又取决于管理。小组的管理策略主要包括设计可行项目，确立小组目标；组中合理分工，建立个人责任；监控学生行为，提供技能指导；选出优秀组长，形成积极互助关系；确定标准，合理评价与奖励。

①设计可行项目，确立小组目标。研究性学习中，教师要根据学生的实际水平、认知能力、思维能力、研究能力来设计项目，而不能盲目地随意设置项目；同时，确定项目时还要考虑知识的顺序性、整体性、学生的需求和兴趣。

②组中合理分工，建立个人责任。小组中的每个成员根据特长要有不同的分工，有搜集资料的，做记录的，进行陈述的，等等。如果分工不合理，则会使小组成员的积极性和自信心受挫，影响学习效果。因此，在分组时应使每个成员都承担一部分责任，使学生对他们的学习负责，对小组的荣誉负责。

③监控学生行为，提供技能指导。研究性学习中，教师是指导者、协助者。许多教师将学生分组后，给他们一定的项目就不管不问，不跟学生交流，也不进行监控指导了。这种做法可能会直接导致研究性学习的失败。在学生进行活动时，教师应注意观察学生的行为，了解学生的实际情况，发现存在的问题并及时进行指导纠正。

④选出优秀组长，形成积极互助关系。一个好的班集体肯定有一群优秀的班干部；同样，一个学习小组中需要有一个优秀能干的组长。一个优秀的组长可以使小组处于愉悦有序的状态，能够提高活动的效率。选择优秀的组长要考虑他是否具有如下素质：学习较好，有集体荣誉感，合作意识强，有较强的与人沟通交流的能力，有较强的组织能力，等等。

⑤确定标准，合理评价与奖励。研究性学习中的教学评价与传统教学不同，传统教学只注重学习结果的评价，而忽视了对学习过程的评价。在研究性学习中，教师应注重学生的学习过程，需要有一个合适的过程评价，应进行小组内自评、小组间互评和教师评价。教师应及时对各组的情况在班上进行总结反馈，使学生都能了解学习过程中出现的问题和解决的办法。

（5）实验设计

实验设计需要教师明确自变量、因变量及无关变量的控制。①自变量：研究性学习设计。②因变量：实行研究性学习之后，学生在学习成绩及学习能力等方面的变化情况。③无关变量的控制：实验班和对照班为同一教师任教；所用教材、所选内容及课时安排一样；不告诉学生两班的教学方法不同。

2. 实施步骤

研究性学习可以分为三个阶段：准备阶段、实施阶段和评价阶段。具体步骤如下。

（1）选择项目

项目主题的选择是至关重要的，教师在选择项目主题时应遵循以下原则：第一，主题要具有真实性、挑战性和趣味性；第二，主题应与课程内容紧密相关；第三，主题应尽量与学生的生活紧密关联。在选择项目主题时，教师应提前进行研究，能预料实施过程中可能遇到的问题。选择的项目应是一些开放的、具有一定难度的、贴近社会实际的真实性任务，学生能够通过小组协作、探究学习完成任务。所选定的项目需要学生在完成任务后提交相关的作品或成果，师生再依据这些作品或成果进行评价。

在一定程度上说，研究性学习是否成功取决于项目任务的制订，项目任务的制订应考虑如下三个因素。第一，项目任务的系统性。一个项目的实施是一个系统性的工程，一个项目是由多个任务体系组成的，各项目任务的目的不同，每个任务对学生能力素质训练和提高的程度也不尽相同，项目任务的相对异质给学生提供了更多可能性的组合，提高了项目的可操作性。第二，项目任务的社会性。

选择的项目任务应与社会有紧密联系，有较强的现实意义和社会意义，能为学生以后的生活和就业提供帮助，培养学生的社会实践能力。第三，项目任务的可操作性。任务成果要具有可评价性，应是有形的实体，可以是调查报告、产品、幻灯片等。任务实施应具有预见性，教师在制订项目时应该能够清楚地预见实施过程中可能出现的各种问题，能根据学生的实际情况提供必要的指导和服务，保证任务能够实施下去。

（2）制订计划

研究性学习的具体项目对新生来说比较陌生，如果让他们单独制订计划难度会比较大，可能会打击他们的积极性，因此，可由教师制订项目的实施计划。如果学生已熟知项目计划的制订过程，而且对该项目有一定的了解，则可以由学生来制订计划，教师给予一些指导和协助即可。制订项目计划时需要考虑项目与课程结合的模式、项目内容的确定等因素。

①项目与课程结合的模式。在实际教学中，项目可以只与某一单独的课程进行融合，也可综合几门课程的内容进行设计。

②项目内容的确定。教师不能只给学生一个大的主题就袖手旁观，应提供项目开展的大致范围和主要内容。这些内容可以是跨学科的，也可以是学生感兴趣的，应与他们的学习生活紧密联系，从而调动学生的学习积极性。

（3）搜集资料

研究性学习中需要学生自己进行资料的搜集，数据和资料的搜集查阅过程也是知识的习得和提高过程。传统的应试教育强调"标准答案"的重要性，一般由教师总结出标准答案，学生进行记忆即可。这种教育使得学生成为一种知识填充的机器，学生所学的知识成为死知识，不能与实践相结合，没有自己的主动思考。研究性学习主要由学生自己来完成知识的建构，学生对各种资料根据所学理论进行提取、整合，充分调动他们的主观能动性。在研究性学习的实施过程中，教师应给学生一个资料查询的大致范围，提供各种资料获得的途径和线索。资料的搜集可以采取多种形式，如根据自己以往的经验，网上搜集，教师、家长、社区、社会等的帮助。如果时间允许，学生可以进行一些社会调查，这样可以使研究成果更真实，更具有实际意义，会获得更大的社会效益。

（4）分析资料

搜集的资料并不一定都是有用的，这就需要学生的共同参与，对资料进行筛选和深加工，分析所得资料的可靠程度，对新旧知识进行重构。学生还可以运用技术和软件，把不能直接使用的资料进行调整、修改、合成，以便达到更好的利用效果。为了防止学生在成果发表时只是资料的堆砌，教师应适时向学生强调注意检查信息的深度和准确性。

（5）形成研究成果

学生把整理好的资料以成果的形式展现出来，这是一个关键的过程，它需要小组成员通力合作，研究这些资料的呈现形式及布局。这个过程给人的第一感觉是安排必须合理，才会达到预期的目的，否则，即使前面的工作做得再好，也是事倍功半，成果发表应是"画龙点睛"之笔。

（6）展示评价

学生的成果有阶段性成果和终结性成果。阶段性成果一般指在研究任务的实施前、实施过程中得到的成果，它具有独立性和单一性，只能从某个角度和一个阶段来反映项目实施的情况，内容和结构上也比较简单。终结性成果的内容和结果比较复杂，是阶段性成果的整合。

研究成果的评价是研究性学习实施中的一个不可或缺的环节，具有重要的意义。第一，通过评价，肯定小组的工作价值，能够激励学生，激发他们的兴趣。第二，通过评价使学生认识到自己在哪些方面做得很好，哪些方面还比较薄弱，找出原因，对症下药。第三，在学生研究过程中进行评价，能够及时纠正问题，不至于使研究偏离主题，造成南辕北辙的后果。

研究成果的评价是一种真实性评价、多元化评价以及参与式、开放性评价。评价的方式也多种多样，有形成性评价、诊断性评价和终结性评价；评价过程有学生自评、小组互评、教师和专家评价。各小组将阶段成果和最终成果依次展示出来，先由小组之间互评，指出存在的优点和不足；对于不足的地方，要说出不足的原因及修改的方案。最后再由教师进行点评，做总结性评价。研究成果的评价环节可以肯定项目小组成员的工作价值，有利于激发学生积极参与研究性学习的兴趣；可以帮助学生针对性地改进，对学生形成激励；有助于加深学生对研究性学习程序、规则、规范的理解，从而引导学生在以后的学习中有更好的表现。

（二）效果评价

经过一个完整的研究性学习，为了了解学生的学习状况和发展状况，反思和改善教学过程，发挥评价与教学的相互促进作用，教师需要对教学效果进行评价。通过评价以确定学生的专业知识水平和能力是否有所提高，学生对项目教学法是否认可，教师的教学方法和手段的选择是否恰当，并针对出现的问题进行教学改进。评价的目的在于"诊断"和"改进"。

评价是手段措施，不是目的，它对教育教学起着导向、鉴定、激励、调节和促进作用。效果评价可以做出价值判断；效果评价可以得到反馈信息，使师生可以及时对研究目标、过程和方法进行调整，总结成绩，提出问题，更好地把握方向，以保证更好的研究效果；效果评价可以搜集有关资料，给予教学具体的指导，以避免盲目性。因此，评价过程能够不断提高研究性学习的科学水平，是师生实现自我完善和提高的过程。

第七章　人工智能促进计算机教学变革

第一节　人工智能促进计算机教学变革的基本原理

一、理论基础及启示

（一）教育变革理论

教育变革理论指出，教育处于不断的变革之中，变革是推动教育动态发展的动力。教育变革分为有计划教育变革和自然教育变革两类。有计划教育变革是指采取一定方案推行的蓄意教育变革，一般说的教育革新、教育改革、教育革命都属于有计划教育变革。自然教育变革与有计划教育变革相反，是指没有计划方案与人为推行的变革。

教育变革理论认为，教育变革具有非线性与复杂性的特征。非线性是指教育变革从启动到实施不是线性过程，自上而下从组织结构上进行的教育变革并不一定能够取得理想结果；复杂性是指教育变革对象——教育系统是非线性的、动态的，是兼具自然性和社会性的复杂系统，对系统的发展预测比较困难。教育变革的非线性和复杂性特征决定了教育变革的不确定性。并不是所有的教育变革都是积极有益的，教育变革的结果可能是"正向的"，也可能是"逆向的"。

教育变革理论对于计算机教学变革具有重要指导意义，人工智能促进计算机教学变革属于有计划的教育变革范畴。事物本质的改变称为变革，但教学变革不是对传统教学的全盘否定，而是在继承传统教学优势与智慧内涵的基础上，优化教与学的过程，创新教与学的方法与手段。教学变革的过程也应该遵循量变质变规律，只有在人工智能与教学充分融合的基础上，才会使教学发生本质上的改变，进而达到整个教育结构的改变。因此，这里所探讨的教学变革是基于具体的教学环境，通过人工智能的有效支持来改变教学各要素的地位和作用的一个过程，包括变革教学资源形态、教学组织方式、学习活动方式、学习评价方式等。其中各要素的地位和作用的状态是评价教学变革效果的重要指标。

（二）分布式认知理论

分布式认知理论是由埃德温·哈钦斯在 20 世纪 80 年代对传统认知观点进行批判的基础上提出来的。哈钦斯认为，认知是分布的，认知现象不仅包含个人头脑中所发生的认知活动，还包括人与人之间以及人与工具技术之间通过交互实现某一活动的过程。认知分布于个体间，分布于环境、媒介、文化之中。分布式认知理论认为，认知不仅依赖于认知主体，还涉及其他认知个体、认知工具及认知情境，认为要在由个体与其他个体、人工制品所组成的功能系统层次来解释认知现象。分布式认知理论对于人工智能促进教学变革研究具有重要的指导意义。

第一，分布式认知中的人工制品，如工具、技术等可起到转移认知任务、降低认知负荷的作用。当学习者的学习内容超出认知范围无法理解时，可借助智能化学习软件帮助减轻认知负荷，引导学习者向深度认知发展。同时可将简单的、重复性的认知任务交由智能机器人完成，从而使个体进行更具创造性的认知活动。未来必定是人与智能机器协作的时代，人所擅长的和智能机器所擅长的可能大有不同，人与人工智能协同所产生的智慧，将远超单独的人或人工智能。人机协同已成为个体面对复杂问题的基本认知方式，人类的认知正由个体认知走向分布式认知。

第二，分布式认知强调认知发生在认知个体与认知环境间的交互中。认知个体在交互过程中能够建构起自身的认知结构。教学中的交互不只是师生间的交互，还包括生生交互、师生与知识的交互、人与机器的交互等，在人工智能支持的智能化教学环境中，交互方式更加多样。通过交互可以重构学习体验，甚至可以通过触觉、听觉、视觉来影响个体的认知。

（三）技术创新理论

技术创新理论指出，创新是一种新的生产函数的建立，即实现生产要素和生产条件的一种从未有过的新结合，并将其引入生产体系。创新一般包括五个方面的内容：一是制造新产品；二是采用新的生产方法；三是开辟新市场；四是获取新的原材料或半成品的供应来源；五是形成新的组织形式。

创新不仅是某项单纯的技术或工艺发明，而且是一种不停运转的机制。只有引入生产实际中的发现与发明，并对原有生产体系产生震荡效应才是创新。技术创新理论对教育教学创新具有重要指导意义。

第一，有助于教育教学的创新。新的技术出现时会给教育教学带来影响，人工智能技术在教学中的应用，将带来新的智能化教学工具，形成新的教与学模式，促进教学评价方式与教学管理方式的创新。教育工作者要积极转变思维方式，探索人工智能与教学结合的新形式，促进技术与教学的深度融合以及教育教学的创新发展。

第二，重视学生创新能力的培养。人工智能时代，简单重复性的工作一定会被机器所取代，智能机器正在超越人类的左脑（负责工程逻辑思维）。人类要保持对机器的优势，一个重要策略是让学生花时间和精力开发机器不擅长的右脑，培养人类独特的能力，如创新创造能力、想象力、问题解决能力、交流沟通能力及艺术审美能力等，让学生在智能科技发达的今天立于不败之地，这也是教学变革的大方向。

二、人工智能促进计算机教学变革的技术支撑

人工智能是研究与开发用于模拟、延伸和扩展人的智能的新兴技术，通过机器来模拟人的智能，如感知能力（视觉感知、听觉感知、触觉感知）和智能行为（学习、记忆和思维、推理和规划），让机器能够"像人一样思考与行动"，最终实现让机器去做过去只有人才能做的工作。人工智能发展的迅猛之势引发了人们的热议，人工智能能否取代人成为大众关注的焦点。早在20世纪80年代，科幻作家弗诺·文奇就提出了奇点概念，即人工智能驱动的计算机或机器人能够设计和改进自身，或者设计出比自己更先进的人工智能。面对人工智能，不能过分高估也不要过分低看；对于人工智能对教育的影响，要秉承理性态度来看待。

人工智能的主要研究领域包括智能控制、自然语言处理、模式识别、人工神经网络、机器学习、智能机器人等。近年来，随着计算能力的提升以及大数据和深度学习算法的发展，人工智能取得了突飞猛进的发展，并且广泛应用于金融、医疗、家居等多个领域，各行各业都在积极探索利用人工智能破解行业难题，教育也不例外。人工智能是一种增能、使能和赋能的技术，其在教育中的应用形态分为主体性和辅助性两类。主体性是指特定教育系统以人工智能技术为主体，如智能教学机器人、智能导师系统等；辅助性是指将人工智能的功能模块或部分结构融入教学、资源和环境、评价和管理之中，转变为媒体或工具以发挥其功效，

如智能评价、自适应学习、教育管理与决策等。

计算机教学变革的技术驱动是人工智能、虚拟现实、增强现实、大数据、学习分析等技术综合的作用，不是单一技术就可以产生影响的，因此笔者结合机器学习、自然语言理解、模式识别、大数据、学习分析等技术与教学的融合创新，从人工智能大发展的时代背景下探讨其给教学带来的机遇和挑战。

（一）机器学习

机器学习主要研究如何用计算机获取知识，即从数据中挖掘信息、从信息中归纳知识，实现统计描述、相关分析、聚类、分类、规则关联、预测、可视化等功能。

20世纪90年代后，随着计算机性能的不断提升，人工智能迎来了一次新的突破，诞生了以数学为依据的统计模型，可以大规模地训练数据，并融合了数学、统计学、信息论等各领域知识的机器学习方法，逐渐在语音识别和机器翻译等领域成为主流。随着隐马尔可夫模型、贝叶斯网络、人工神经网络等各种模型方法的不断引入，机器学习取得了进一步的发展。近年来，以人工神经网络模型为基础的深度学习方法，给人工智能带来了新一轮的发展热潮。机器学习研究的进一步深入，也极大地推动了其在教育中的应用，如归纳学习、分析学习应用于专家系统等。根据学习模式、学习方法以及算法的不同，机器学习存在不同的分类方法，具体见表7-1。

表 7-1　机器学习的分类

分类标准	名称	定义	应用举例
学习模式	监督学习	利用已标记的有限训练数据集，通过某种学习策略、方法建立模型，实现对新数据的标记、映射	自然语言处理、信息检索、手写体辨识
	无监督学习	利用无标记的有限数据描述隐藏在未标记数据中的结构或规律	数据挖掘、图像处理
学习方法	强化学习	智能系统从环境到行为映射的学习，依靠自身的经历进行学习	无人驾驶、围棋

续表

分类标准	名称	定义	应用举例
学习方法	传统机器学习	从一些训练样本出发，试图发现不能通过原理分析获得的规律，实现对未来数据行为或趋势的预测	自然语言处理、语音识别
	深度学习	建立深层结构模型的学习方法	计算机视觉、图像识别
其他常见算法	迁移学习	指当在某些领域无法取得足够多的数据进行模型训练时，利用另一领域数据获得的关系进行的学习	基于传感器网络的定位
	主动学习	通过一定的算法查询最有用的未标记样本，并交由专家进行标记，然后用查询到的样本训练分类模型来提高模型的精度	文本分类、社交网络分析

1. 机器学习与教学的适切性

机器学习是通过算法让机器从大量数据中学习规律，自动识别模式并用于预测的。机器学习在教学环境中能够基于大量教学数据智能挖掘与分析并发现新模式，预测学生的学习表现和成绩，以促进和改善学习。可以说，机器在教学过程中处理的数据越多，预测就越精准。教学数据包括学习者与教学系统交互所产生的数据，以及协作、情绪和管理数据等。

当前，应用于教学的机器学习方法有预测、聚类、文本挖掘、关联规则挖掘、社会网络分析等，但应用较多的是预测和聚类。预测旨在建立预测模型，从当前已知数据预测未知数据。在教学应用中，常用的预测方法是分类和回归，一般用于预测学生学习表现和检测学习行为。聚类一般用于发现数据集中未知的分类，在教学中，通常基于教学数据对学生进行分组。

机器学习对于教学环节中的不同人员，如学生、教师、管理者、课程或软件开发者等具有不同的应用目标，具体见表7-2。

表 7-2　机器学习的应用目标

教学相关者	应用目标
学生	实现个性化学习，促进学习表现；根据学习兴趣、能力等个性化特征，推荐自适应学习资源和学习任务，提升学习效率
教师	掌握教学整体情况，获得教学反馈；分析学生的学习表现，预测学生成绩；发现学习存在困难的学生，实施教学干预；反思教学方法，发现学习规律
管理者	评估教师教学表现，改进管理制度；科学分配教育资源
课程或软件开发者	支持课程或软件开发者精准评估，以及维护在线课程和教学系统

2. 机器学习教学应用的潜力与进展

机器学习作为人工智能的重要分支，能够满足对教学数据分析预测的需求，其在教学中的应用具有很大潜力。在教师教学方面，将从学生情况建模、预测学习行为、预警辍学风险、提供学习服务和资源推荐等方面有效助力智能教育，推动教学创新。在学生学习方面，通过机器学习分析学生成绩、学习行为等来预测学习表现，发现新的学习规律，并给出可视化反馈；对学生的表现进行评价，根据不同学生的特征进行分组，推荐学习任务、自适应课程或活动，提高学生的学习效率。

（二）自然语言理解

自然语言理解是研究如何使计算机能够理解和生成人的语言，达到人机自然交互的目的。自然语言理解主要分为声音语言理解和书面语言理解两大类。其理解的过程一般分为三步：第一，将研究的问题在语言学上以数学形式表示；第二，把数学形式表示为算法；第三，根据算法编写程序，在计算机上实现。

自然语言理解技术从初期的产生式系统、规则系统发展到今天的统计模型、机器学习等，其在教育中的最早应用是进行语法错误检测，随着技术的发展，自然语言理解在教学中有了更丰富的应用场景。有研究者将自然语言理解在教育领域的应用场景概括为四个方面：一是文本的分析与知识管理，如机器批改作业、机器翻译等；二是人工系统的自然交互界面，如语音识别及合成系统；三是语料库在教育工具中的应用，如语料库及其检索工具；四是语言教学的应用研究，如面向语言学习者的教育游戏。自然语言理解将为机器文本分析和问答系统等领域的学习者的学习带来新的方式方法。

1. 机器文本分析

传统对于主观题的判定，如论述、作文等，机器批阅无法给出有效反馈，随着自然语言理解技术的逐渐成熟，依托人工智能技术可以实现对开放式问题的自动批阅。机器批阅有助于学生自主练习时及时获得反馈，可以大大提高学习的效率与效果。

2. 问答系统

问答系统分为特定知识领域的问答系统和开放领域的对话系统。问答系统是指人们提交语言表达的问题，系统自动给出关联性较高的答案，实现人与机器的交流。当前，问答系统已经有不少应用产品出现，它们在接收到文字或语音信息后，先解读内容，然后再自动给予相关回复。在教学当中，问答系统能够充当解决学生个性化问题的虚拟助手，以自然的交互方式对学生的问题进行答疑与辅导。

（三）模式识别

模式识别使计算机对给定的事物进行识别，并把它归于与其相同或相似的模式中，主要研究计算机如何识别自然物体、图像、语音等，使计算机模拟实现人的模式识别能力，如视觉、听觉、触觉等感知能力。根据采用的理论不同，模式识别技术可分为模板匹配法、统计模式法、神经网络法等，其早期所采用的算法主要是统计模式识别，近年来，在多层神经网络基础上发展起来的深度学习和深度神经网络成为模式识别较热门的方法。深度学习算法和大数据技术的发展，大大提高了语音、图像、情感等模式识别的准确率。

模式识别系统主要由数据采集、预处理、提取特征与选择、分类决策等组成。在教学应用领域，为学习者提供个性化学习支持服务的前提是需要采集到学习者的语音、情感等体征数据，对这些数据进行挖掘与分析，为后续的个性化学习提供基础数据模型支持。模式识别在教学中的应用主要包括：在实训型课堂中，可以将识别的学生动作模式与标准动作模式比对，指导学生操作；智能识别学习者的学习状态，适时给予帮助与激励；学习者利用语音搜索学习资源。

（四）大数据

人工智能建立于海量优质的应用场景数据之上。与传统数据相比，大数据具有非结构化、分布式、数据量大、高速流转等特性。大数据通过数据采集、数据存储和数据分析，能够发现已知变量间的相互关系并进行科学决策。大数据目前已经应用于金融行业、城市交通管理、电子商务、医疗等各个领域，有着广阔的应用前景。在教育领域，随着教育信息化的发展，教学过程中时时刻刻在产生大量的数据，大数据为教学提供了根据数据进行科学决策的方法，将对教育教学产生深刻影响。

大数据的价值在于对数据进行科学分析以及在分析的基础上所进行的数据挖掘和智能决策。也就是说，大数据的拥有者只有基于大数据建立有效的模型和工具，才能充分发挥大数据的优势。

大数据与人工智能的结合将给教育教学带来新的机遇。海量数据是机器智能的基石，大数据有力地助推了机器学习等技术的进步，在智能服务的应用中释放出无限潜力。因为人与机器的学习方法是不一样的，例如，一个孩童看到几只猫，妈妈告诉他这是猫，他下次见到别的猫就知道这是猫，而要教会机器识别猫，则需要给机器提供大量猫的图片让其找出猫的共性特征。因此，大数据极大助推了人工智能的发展。大数据与人工智能结合将充分发挥大数据的优势，如教育教学过程中存在大量的教学设计、教学数据，根据这些数据训练出的人工智能模型可以辅助教师发现教学中的不足并加以改进。

（五）学习分析

学习分析是随着大数据与数据挖掘的兴起而衍生出来的新概念，它是通过采集与学习活动相关的学习者数据，运用多种方法和工具全面解读数据，探究学习环境和学习轨迹，从而发现学习规律，预测学习结果，为学习者提供相应干预措施，促进有效学习。由此可知，大数据是进行学习分析的基础，学习分析可以充分发挥大数据的价值。

学习分析的目的在于优化学习过程，一般包括四个阶段：一是描述学习结果；二是诊断学习过程；三是预测学习的未来发展；四是对学习过程进行干预。学习分析是迈向差异化及个性化教学的道路。随着各种网络教学平台、教学软件等数字化教学工具的应用，教育数据快速增长。通过智能化教学平台持续采集学生学习过程中的各种数据，将教师和学生在课堂上的每一个互动结果记录下来，进而通过学习分析生成数据统计与分析图表。基于此，学生可通过查看学习数据，找出不足，及时调整。教师可很好地了解学生学习特点，制订个性化学习方案，深度分析学生学习行为与学习数据，随时监测学生发展。

三、人工智能促进计算机教学变革的整体框架

教学是教师的教和学生的学的统一活动，教学要素是构成教学活动的单元或元素。从现有研究来看，关于教学要素的认识主要有"三要素论""四要素论""五要素论""六要素论""七要素论""教学要素系统论"等，具体内容见表7-3。

表7-3　教学要素论

类型	内容
三要素论	教师、学生、教学内容
四要素论	教师、学生、教学内容、教学手段
五要素论	教师、学生、教学内容、教学手段、教学环境
六要素论	教师、学生、教学内容、教学工具、时间、空间
七要素论	教师、学生、教学目的、教学内容、教学方法、教学环境、教学反馈
教学要素系统论	教学目标、教学对象、教学内容、教学方法、教学环境、教学评价

由此可见，关于教学要素的研究一直处于动态发展的过程之中，人们对教学要素的认知在不断加深，呈现百花齐放、百家争鸣的局面，相关学者提出了许多富有创造性的意见和研究思路。追溯教学变革的研究，可以发现众多学者根据不同的时代背景、不同的技术发展，从不同的教学要素环节，如教学内容、教学资源与环境、教师的教学方式、学生的学习方式、教学评价、教学管理等方面来探讨教学变革。在已有教学变革研究的基础上，笔者结合人工智能在计算机教学中的典型应用，尝试从教学资源、教学环境、教的方式、学的方式、教学管理、教学评价等方面探讨人工智能给教学带来的新机遇和挑战。

通过整合人工智能促进教学变革的构成要素，分析得出资源环境的改变是

教学变革的基础，因此以资源环境为出发点，分析人工智能的发展所带来的教学工具、教学资源以及教学环境的改变，进而优化教与学。教与学是不可分割的整体，只有在师生积极的相互作用下，才能产生完整的教学过程，割裂教与学的关系就会破坏这一过程的完整性，因此从教师教和学生学这一整体角度探讨人工智能对教与学方式的变革，可以促进高效教学的实现。将教学评价与教学管理归为一体去探讨，则是基于以下考虑：教学评价与教学管理都属于教学管理范畴，都是主体作用于客体的管理活动。教学管理是现代教育管理体系中相对独立完整的系统，而教学评价则是其中的重要组成部分，教学评价既是教学管理的任务之一，又是教学管理的重要手段。两者都侧重于对数据的分析，技术性和科学性较强，人工智能的发展和教学数据的丰富使教学评价与教学管理更加科学化，也更具权威性，使之能发挥更大作用。

基于以上分析，笔者将尝试从教学资源与教学环境、教的方式与学的方式、教学评价与教学管理三部分探讨人工智能引发的计算机教学变革。

（一）教学资源与教学环境

资源环境的改变是教学变革的基础，教师通过资源环境的改变带动教学的变革，进而创设更加符合学生需求的学习环境，形成良性循环。

技术对教育教学所产生的影响，在很大程度上是通过转化为工具、媒体或者环境来实现的。首先，人工智能的发展催生了许多新的教学工具与学习工具，如智能化教学平台、教学机器人、智能化学习软件等，这些教与学的工具是教师教学与学生学习的好帮手，为教学注入了新的活力。其次，人工智能的发展为学生获取学习资源带来了极大便利，在学习资源智能进化的过程中，机器已经对资源进行了质量把关和语义标注，将资源分为文本、视频等形式，这样在智能化学习环境感知到学生需求时，可以自适应推送适合学生的学习资源。随着搜索引擎的发展，学生可以快速找到所需资源，不用在查找资料方面浪费时间。最后，人工智能的发展为搭建智能化的学习环境提供了便利，驱动数字教育资源环境走向智能化学习资源环境。学校可与人工智能教育企业联手利用人工智能创造利于学生高效学习、深度学习的环境，通过智能感知，构筑更加有利于师生互动的学习环境。教学工具的创新、教学资源的优化、教学环境的改善，都有助于教师轻松开展教学活动，辅助学生高效学习。

（二）教的方式与学的方式

人工智能进入教育领域后，技术支持资源和环境的改变促使教学发生了一系列转变。在教师教学方面，人工智能可以辅助教师备课，通过人工智能技术智能生成个性化教学内容、实时监控教学过程、精准指导教学实现智能化精准教学；开展基于技术的智能化实践教学；进行个性化答疑与辅导，帮助教师从简单、烦琐的教学事务中解放出来，真正回归"人"的工作，创新教学内容、改革教学方法，从事更具创造性的劳动。在学生学习方面，教师通过智能化环境的构建，着重思考如何引导学生；通过创设不同类型的学习任务，营造支持性学习环境，帮助学生自适应预习新知、智能交互学习新知、智能化陪伴练习、智能引导深度学习，帮助学生不断认识自己、发现自己和提升自己。同时，教师和学生在教与学过程中对资源与环境的需求，又促使资源与环境朝向人的需求层面转变。

（三）教学评价与教学管理

技术的发展和教学环境的优化，使得教与学的过程数据越来越丰富。如何充分、有效地利用这些数据优化教与学，需要教育工作者对传统教学评价与教学管理的模式与方法进行变革。

人工智能应用于教育领域，通过采集教与学场景中的数据，利用大数据分析技术对各项教育数据进行深度挖掘，实现检验教学效果、诊断教学问题、引导教学方向、改进教育管理等目标。一方面，帮助教学管理者全面督导，使传统的以经验为主的管理方式向智能化、科学化转变，提升管理效率；另一方面，建立学生数字画像，智能分析、评价学生行为，破解个性化教育难题，科学辅助教师进行教学决策。人工智能对教学的诊断反馈能够为教学组织、学习活动等提供创新解决方案，提升教学效率。

第二节　人工智能促进计算机教学工具、资源与环境的更新

如前文所述，技术对教育教学所产生的影响，在很大程度上是通过转化为工具、媒体或者环境来实现的，人工智能技术也不例外。人工智能本身不能促进计算机教学变革，但其是一种增能、使能和赋能的技术，可以转变为媒体或工具，在计算机教学中发挥功效。人工智能时代的计算机教师，需要具有利用智能化教学工具、智能化教学资源和智能化教学环境进行有效计算机教学和创新计算机教学的意识与能力。

一、计算机教学工具的改变

（一）智能化教学平台

随着"互联网+"时代的到来，人工智能的快速发展，众多开放式、智能化的教学平台如雨后春笋般不断涌现，这些平台的功能不断完善，融智能备课、精准教学、师生互动、测评分析、课后辅导等功能为一体。目前，智能化教学平台各式各样，有综合性的，也有专门针对某一学科的。为进一步推进教学模式和教学手段改革，提升教学质量，越来越多的智能化教学平台被广泛应用，用于解决传统课堂"抬头"率低、互动性不高等问题，得到了广大师生和高校的认同。

1. 智能化教学平台的特征

智能化教学平台是基于计算智能技术、学习分析技术、数据挖掘技术以及机器学习技术等，为教师和学生提供个性化教与学的教学系统。其主要的特点是运用人工智能技术智能分析学生所学内容，构建学生知识图谱，为学生提供个性化的学习内容和学习方案；支持自适应学习，实现学习内容的智能化推荐。智能化教学平台的特征主要体现在以下几个方面。

（1）高效性

高效性是智能化教学平台的一个显著特征。从课前、课中到课后，相比于传统教学，智能化教学平台在各个教学环节都更加高效，教学过程更加流畅，教学互动更加深入及时，教学效果更加明显。

课前，教师通过智能化教学平台进行备课，可与全国各地的教师实时共享教案，吸收其先进的教学理念，学习其先进的教学方法；通过教学平台将课前预习资料推送至学生的个人学习空间，并与学生进行互动交流，及时调整完善教学设计。课中，教师可通过各种移动终端连接教学平台与学生实时互动，可以"一对多"地解决不同学生的问题，让每一位学生都参与到课堂交流中，真正将课堂还给学生。课下，学生可以在平台上完成作业，还可以与学习共同体完成思维碰撞，由平台完成作业批改，给学生实时反馈，大大提高课后辅导的效率。

（2）个性化

现代的教育模式是"标准化教学+标准化考试"，"流水线"上培养的人才是没有竞争力的，比起向学生传授可能被机器人取代的单纯技术，更应该尝试去培养机器人所不能代替的创新创造能力等。这意味着教育的导向要从标准化转向非标准化。

智能化教学平台通过采集到的海量数据和先进算法，根据学生的学习能力、对学习内容的掌握情况以及努力程度等，为每个学生提供不同的预习资料，布置不同难度的作业，例如，对学习内容掌握好的学生可以布置一些创新性的、需要发挥创造力的作业；对学习内容掌握一般的学生就布置一些基础性作业，并且课程内容会随着学生学习的进步情况动态调整，略过学生已经掌握的知识点，强化学生的薄弱环节，从而真正实现因材施教，实现个性化难度的自适应学习。

除了教学的非标准化，面向人工智能时代的教学变革还包括考试的非标准化。教师有时难以把握考试出题的难易程度，而且针对所有学生都是一套试卷，对学习基础较差的学生来说，每次成绩的分数都偏低不免打击学习的积极性。个性化教学应该为不同的学生准备不同的考试试卷，且不同的试卷并不会增加教师的工作强度。智能化教学平台不仅可以根据每个学生的学习记录智能组卷，还可以通过机器批改，自动生成教学评估报表，个性化评价学生的进步与不足，指引学生的努力方向。

（3）数据驱动

智能化教学平台可以采集到海量数据：通过签到可以一目了然地看到学生的出勤情况；通过测试题，不仅可以看出教师出题的行为，包括试卷的发布时间、是否做过修改等，还可以看出学生的答题行为，包括做了多少题、正确率是多少；通过课堂上教师在智能化教学平台上记录学生的表现，为评价学生提供了可量化的参考。

智能化教学平台还能起到行为监测作用，进行对比分析。例如，可以跟踪高考成绩不同、家庭环境不同的学生学习行为，与系统的数据模型进行比对，分析行为差异；可以分析不同教龄、不同学历的教师在教学过程把控、教学效果等方面有何不同。

对教学评价中评分较高的教师，可以深入剖析他的教学过程具体好在哪里。同样，对于成绩较差的学生，通过分析学习数据可以找到他是何时开始松懈的，是自始至终都不愿意学习，还是在学习过程中遇到困难产生了退缩情绪，从而清楚掌握学生的学习态度于何时发生了变化，并且可以观察学生在接收到学习预警后有无行为改变。

（4）虚实交融

智能化教学平台将虚拟和现实连接起来，促使学生将学习与实践相结合。随着人工智能的发展，虚拟现实技术将更加智能。人工智能可以提高虚拟空间的仿真效果，带来更佳的用户体验。

①虚拟教师。面向未来的教学，虚拟教师要主动提出好问题，以激发学生思考的热情，促使其积极主动探索问题的答案，并且通过问题教会学生如何批判地看待世界。更重要的是，虚拟教师要教会学生如何提出问题，培养学生面向未来提问的习惯和能力。

②虚拟学习伙伴。虚拟学习伙伴可以与学生协作完成学习任务。虚拟学习伙伴可以通过故意提出错误的理解，激发学习成员的讨论，也可对成员讨论的结果做总结性概括。借助人工智能为学生构建虚实相融的学习环境，学生在虚拟融合的环境中可以进行更加个性化、沉浸式和趣味化的学习。通过个性化定制虚拟学伴形象，辅助学生学习，让学生集中注意力，在规定的时间完成学习任务，优化学习过程。虚拟学伴在学生完成学习任务时给予点赞，未完成时给予监督鼓励，让学生感受到人文关怀，积极、主动地去完成任务，而不是在教师和家长的压力和要求下被动地学习。

2. 智能化教学平台的技术支持

智能化教学平台借助自适应、大数据、云计算等技术，实现了教师、学生及家长的全面连接。

（1）自适应提升教学的精准性

随着学生对个性化学习需求的呼声越来越高，以及学习分析技术的飞速发展，自适应学习技术从开始的不成熟，逐渐发展为成熟可行且有效的学习技术。它可以自动适应不同学生的学习情况，利用知识空间理论，拆分知识点并"打标签"（标记学习内容的类型、难易度、区分度等），智能预测学生的能力水平，为学生推荐学习路径，精细化匹配学习资源，智能侦测学生学习的盲点，从而指导或帮助学生减少重复学习的时间，提高学习效率。

（2）大数据助推教学过程的科学化与可视化

大数据技术可实现学生学习数据全追踪，持续采集学生学习过程中的各种数据，对点滴进步进行一一记录。智能化教学平台将教师和学生在课堂上的每一个互动结果记录下来，并自动生成可视化的数据统计与分析图表。基于此，学生通过查看学习数据，找出不足，及时调整；教师则很好地了解了学生学习特点，从而制订个性化的学习方案，深度分析学生学习行为与学习数据，随时监测学生发展，以合理调整教学过程、干预学习行为。

（3）云计算拓展了教育资源的共享性

通过云计算，学生的学习资源和教师的备课资源可在云端实现共享，拥有强大计算功能、海量资源的智能化教学平台，可有效解决当前网络教学平台建设中存在的资源重复投资、信息孤岛等问题。此外，学生可通过网络连接从云端获取所需学习资源和服务。学生的学习过程数据将实时储存到云端，保证学习数据不丢失，为分析学生的学习行为提供数据支持。

3. 智能化教学平台的功能模块

智能化教学平台能够提供个性化学习分析、智能推送学习内容等服务。在数据采集方面，平台将学生的学习档案数据、学习行为数据等信息数据存储在数据仓库中，在此基础上，整合自适应技术、推送技术、语义分析等人工智能分析和大数据挖掘技术，以支持学习计算。在学习服务方面，平台提供个性化学习路径推荐服务。由此可见，智能化教学平台依赖三个核心要素，即数据、算法、服务，其中数据是基础，算法是核心，服务是目的，因此笔者尝试从这三个方面对智能化教学平台的功能进行解析。

（1）数据层

数据层是教育数据的输入端口，也是面向上层服务的基础接口，主要负责采集、清洗、整理、存储各类教育数据，既可以收集学生的学习行为、学习成果、学习过程等信息数据，又能够收集教师的教学数据，如备课资源、教学方法等。

（2）算法层

算法层主要由各种融合了教育业务的人工智能算法组成，按照系统的方法，对数据层的各类教学数据进行各种计算、分析，实现数据的智能化处理。例如，平台通过对班级所有学生的行为数据、基础信息数据和学业数据进行智能学情分析，得出学生个体与班级整体的画像，根据学生的学习兴趣，为其提供不同的学习资料，布置不同难度的作业，激发学生的内在学习动力。

（3）服务层

服务层通过接收来自算法层的数据处理结果，为用户提供所需的教育服务。在学习服务上，基于个性化分析结果，平台为学生提供涵盖学习内容、学习互动、个性化学习路径等推荐服务，辅助学生进行个性化学习。在教学服务上，平台通过分析教师教学过程数据，帮助教师总结得失、监控教学质量、调整教学设计，从而实现教学过程的精准化。

（二）智能化教学机器人

1.教学机器人及其特征

国际机器人协会给机器人下的定义：机器人是有一定自主能力的可编程和多功能的操作机，根据实际环境和感知能力，在没有人工介入的情况下，在特定环境中执行安排好的任务。未来，如果人工智能跨越了情感交流的屏障，人类或许真的能与机器心灵相通。目前，人工智能已经进入社交和情感陪护领域。

在教育领域，教学机器人是以培养学生分析能力、创造能力和实践能力为目标的机器人。教学机器人使用到的关键技术主要有仿生科技、语音识别和自然语言理解等，它的发展目标是希望和真人教师一样进行感知、思考和互动，达到减轻教师工作负担、优化教学效果的目标。教学机器人应具备以下特征。

（1）教学性

教学机器人应该具备广博的知识储备，并且具备自主学习、自主进化的能力，熟悉最新的科技发展成果。它能像真人教师一样，了解自身的专业结构，了解自己的教学方法，了解学科知识层存在的问题，通过观察记录学生的学习情况，不断调整教学策略，实现由传统的形式单一、经验主导的方式转变为人机协同，实现数据及时分享并深度挖掘的精准化、个性化教学，真正满足传道授业解惑等教师的职业要求。

（2）自主性

教学机器人应该具备感知能力、思考能力，可以对教师与学生的状态进行及时准确的分析，能够进行自主决策。

（3）交互友好

机器人在与学生交流的过程中，应该幽默有趣，能够激发学生兴趣。作为学习伙伴，教学机器人应该能够进行无障碍人机交流，可以完成问题答疑、提供学习资源、引导学习互动氛围等工作任务。

2.教学机器人的类型

教育服务机器人是指可以执行一系列教与学相关任务的自动化机器，主要指教学机器人。随着人工智能的发展，教学机器人开始频繁地出现在人们的视野，并逐步应用于教育领域。

从我国教学机器人的发展现状来看，其应用情境分为两类：一是针对儿童的益智类机器人，主要陪伴儿童学习玩耍，为儿童提供多样化的教育方式，寓教于乐地引导儿童学习，促进其良好生活习惯的养成，如智能玩具、教育陪伴机器人等；二是在教学领域中，能够为教学活动提供支持的辅助教学类机器人产品，如机器人助教、机器人教师、医疗机器人、特殊教育机器人、虚拟教学机器人等。笔者通过整合当前我国教学机器人的相关案例，分析其中两类七种机器人的使用情况，展示在变革教与学方式中教学机器人的广阔应用前景，具体见表7-4。

表7-4　教学机器人的类型

类型	具体种类	说明	产品案例
益智陪伴类	智能玩具	是一种融教育性和娱乐性为一体的新型玩具形式，不仅儿童爱玩，更是寓教于乐，通过儿童与智能玩具的交互完成预先设定的教学任务	乐高机器人
	教育陪伴机器人	根据儿童的年龄及兴趣，陪伴儿童学习，儿童可以与机器人一问一答学知识，还可以学习故事儿歌、唐诗宋词、数学、英语等知识，帮助儿童养成良好习惯，可以智能识别儿童的情绪	布丁S、智小乐
辅助教学类	机器人助教	辅助教师完成简单或重复性的教学活动	仿真机器人教师Saya
	机器人教师	机器人扮演教师角色，独立完成课堂教学活动	小美（九江学院讲课机器人）
	医疗机器人	通过模拟各种疾病症状，提供真实的教学环境，让医学生进行实践练习，训练医科学生	临床培训机器人
	特殊教学机器人	为频谱障碍、自闭症等特殊人群设计的机器人	Milo
	虚拟教学机器人	是一类软件	微软小冰、Jill Watson

（1）益智陪伴类机器人

比起需要完成固定教学任务的教师来说，机器人可能更容易得到儿童的好感，吸引儿童的注意力。儿童与机器人的交互可以培养儿童的语言表达能力、创造力和想象力，这些能力的发展对于处于认知发展阶段的儿童来说格外重要。如奇幻工房（Wonder Workshop）公司推出的名为达奇（Dash）和达达（Dot）的两个小机器人，它们是几个可爱的几何形体的组合，可以帮助5岁以上的儿童学习编程，开发儿童的动手能力和想象力。

（2）辅助教学类机器人

世界上第一个教学机器人 Saya 是由日本科学家在 2009 年推出的，并在东京一所小学进行试用，为学生上课。她会讲多种语言，还可与学生互动，回答学生简单的问题，并可以完成点名、朗读课文、布置作业等基本教学活动，此外她还会做出喜怒哀乐等多种表情。韩国也大力推广机器人教师，从 2009 年起，30 个蛋形机器人在韩国小学教学生英语，受到学生的广泛欢迎，实践证明，机器人英语教师有助于提升学生英语学习兴趣。

此外，机器人还在医学教育领域扮演着重要角色，在传统医学教学中学生要想独自做手术，需要在医院实习，而有时患者及其家属会拒绝实习医生的治疗。当前，亟须借助人工智能、虚拟现实等前沿科技力量提升医学教育水平。医疗机器人通过模拟各种疾病和场景，为学生提供实践学习经验，使学生了解各种病症，无须对真实患者进行实际操作。

未来，还可以将病患的核磁共振、CT 扫描等影像数据，通过人工智能系统处理，得到真实复原的全息化人体三维解剖结构并可将其投射在虚拟空间中。学生可以在虚拟空间中全方位地看到病患真实的人体结构的解剖细节，对病变的器官进行立体观察和分析，精确测量病变器官的位置、体积、距离等数据。观察结束后，学生还可以设计手术治疗方案、评估手术风险、进行虚拟解剖以及模拟手术切除等操作。

在我国，北京师范大学与网龙华渔共同研发的教学机器人已经在部分学校开始测试，它不仅可以帮助教师朗读课文、批改作业，还可以通过传感器识别学生的身体状况，如果学生发烧，机器人会提示教师。更为神奇的是，它还可以帮助教师监考，发现作弊的学生。

3. 智能化教学机器人的实践困境与发展趋势

（1）实践困境

智能化教学机器人驱动教学应用创新，为教学提供新的工具和资源，促进教学组织方式的进一步变革，有助于激发学生的学习兴趣。目前，机器人在教学中的应用还处于探索阶段。网龙华渔、科大讯飞等一些教育公司和研究机构设计开发出用于陪伴儿童学习或是专门用于学校教学的教学机器人，产生了一定的社会影响。

教学机器人在真正的课堂教学中还未充分发挥其优势，在教学中的普及与推广还存在很大局限，主要体现在智能化教学机器人的软硬件设施成本高、价格比较昂贵，配备教学机器人的家庭和学校需要具有一定的经济基础；教学机器人的智能性还不够；缺少相应的课程内容，教学机器人的设计与开发不仅要有技术上的突破，还要有教学设计师的配合，设计对应的教学内容，推动教学机器人的应用与实践。

未来教学机器人的研究应更关注教育教学的理论与教学机器人的深度融合，实现教学资源的共享。通过研发符合教学需求的新资源和新工具，人工智能才能为教学注入新的活力，助力教学创新。

（2）发展趋势

未来，智能化教学机器人能够达到与人类特级教师相当的水平，或者达到特级教师都达不到的水平。智能化教学机器人可进行学习障碍诊断与及时反馈，根据学生的学习状态向其提供帮助；智能化教学机器人可与学生进行对话，在对话过程中了解学生的需求，给予及时响应与反馈；智能化教学机器人可以感知学生的知识掌握状态，根据知识掌握程度提供差异化教学方案和个性化陪伴。

智能化教学机器人与学生对话后，对一段时间内的对话数据进行分析，发现学生在这段时间的情感、情绪、认知等方面存在的问题，根据发现的这些问题，给予学生相应的帮助和支持，从而实现类似人类教师的智慧。具备自然语言理解能力且具有和真人一样的交互性，这是教学机器人的理想发展目标。

（三）智能化学习软件

随着万物互联的实现，人工智能时代的信息变化速度会比互联网时代更快。因此，教师在教学过程中善于运用学习工具，如在线互动协作工具、信息检索工具、翻译工具等，能帮助学生达到事半功倍的学习效果。

有效的学习工具可以促进学生的主动学习，例如，在进行英语写作练习时就可以利用英语学习软件，学生自发组建英语学习小组，就感兴趣的话题展开讨论，写成文字报告，机器批改、同伴互改，学习方式互动性强，好友竞赛、成绩排行等还可以提高英语写作的积极性。随着图像识别技术、语音识别技术的发展，越来越多的拍照搜题类和语音测评类的个性化学习工具被应用于教育领域。这些软件都运用智能图像识别技术，使学生可以通过手机拍照上传遇到的难题，在短时间内软件就可以给出答案和解题思路。而且这些软件不仅可以识别机打题目，对手写题目的识别正确率也越来越高，在很大程度上提高了学生的学习效率。

这些学习软件作为学生学习的帮手，解决了传统教育环境下计算机教学资源有限的困境，可以及时辅助学生学习，让学生的练习过程变得更加轻松，从而让学生更加积极地去完成实践操作，进而促进学生的主动学习。

二、计算机教学资源的优化

传统教学资源无法满足学生个性化学习需求，难以促进教学方式的转变。人工智能应用于计算机教学将有助于弥补现有不足，笔者探讨人工智能在支持智能进化计算机教学资源、智能推送计算机教学资源及智能检索计算机教学资源方面所发挥的功效，以满足学生获取个性化资源的需求，为教学资源的智能化升级改造提供一定指导。

（一）智能进化计算机教学资源

1.计算机教学资源进化存在的问题

计算机教学资源进化所指的资源是数字化学习环境中的数字学习资源，并不包含传统意义上的一般教学资源（如教材、试卷等）。当前教学资源建设模式基本可以分为两类，即传统团队建设模式和开放共创模式。传统团队建设模式下的教学资源，如网络课程、精品资源共享课等，主要是由专门的资源制作团队负责设计、制作与维护，主要用于正规学校教育，具有较强的专业性和权威性。但是，这种建设模式下的课程资源更新方式与传统教材并无区别，需要专门的维护人员进行资源的更新。虽然也有进化过程，但是资源进化更新速度缓慢。

随着 Web 理念和技术的普及，教学资源的开放共创模式正在不断发展，用户可以参与到教学资源的协同建设和更新，通过集体智慧实现教学资源的不断进化。这种模式下的教学资源具有内容开放、更新速度快等优势，主要适用于非正式学习。然而，开放共创的资源建设模式在进化过程中也存在一些不足，主要表现在以下两方面。

（1）进化缺乏控制，散乱生长

开放的资源结构，如维基百科、百度百科等，允许用户协作编辑内容，在聚集群众智慧的同时也导致了资源内容的散乱生长。不同用户对同一学习资源进行添加、编辑、删除，导致原有资源内容混杂，可能存在与主题资源不相关的内容，严重影响了资源的质量。这些问题主要是缺乏完善有效的资源进化保障机制，缺乏对资源进化的智能有效控制导致的，因此需要智能技术手段客观动态地控制资源进化方向，优胜劣汰，提高资源的生命力。

（2）资源难以动态关联

资源的进化除了内容的发展外，还关系到资源结构的完善。资源间的动态关联有助于相似资源的合并，帮助学生更快检索到自己所需资源。然而，数量庞大、形态多样的数字资源在组织、关联方面大多采用静态描述方式，缺乏可被机器理解和处理的语义描述信息。资源之间难以实现语义方面的关联，在很大程度上影响了资源的联通，影响了资源的优胜劣汰和持续进化。

2.计算机教学资源智能进化流程

目前对于学习资源的进化，大多还是从学生进行个性化编辑或是专门人员的资源审核，来实现资源的动态生成与进化。对于优质资源的良性循环、劣质资源的智能识别与淘汰、同主题资源的智能汇聚与选拔等，依旧是计算机教学资源进化所面临的重大研究课题。资源进化需要更强的进化动力、更完善的进化保障机制和更适合的进化技术支撑。计算机教学资源智能进化的目标是实现资源的不断自我更新、不断成熟发展、不断适应学生的学习需求。因此，笔者尝试从资源自主智能进化角度，对学习资源进化进行初步分析，基于人工智能的一般处理流程，综合资源的语义建模技术、动态语义关联和聚合有序进化控制技术等，构建计算机教学资源智能进化流程，具体如下。

（1）机器对新发布资源的质量进行把关

有关资源质量的评价量表，可以由政府教育部门制定，交由机器学习，在资源发布前由机器对资源打分，进行学习资源的质量把关，达到一定分数的资源才可以发布。目前，机器学习主要有两种方法，第一种方法的代表是微软小冰学习写诗。小冰是一款人工智能虚拟机器人，它可以"读出"图片内容，然后像写命题作文一样生成一首诗。小冰是通过"学习"20世纪20年代以来的519位诗人的现代诗，被训练了超过1万次，才学会写诗技能的。当前，机器对资源的质量把关主要可以采取这种方式。另一种方法的代表是 AlphaGo Zero 围棋程序，它不需要人类的数据，而是通过强化学习方法，从单一神经网络开始，通过神经网络强大的搜索算法，进行自我对弈，实现"自学成才"。随着训练的深入，Deep Mind 团队发现 AlphaGo Zero 还独立发现了游戏规则，并走出了新策略，给围棋这项古老游戏带来了新的见解。这一实践表明，未来可能不需要由人制定资源的评价量表，而是由机器自主学习就可实现对资源优劣的自我判别。

（2）机器对资源打标签

机器可以自动实现对资源进行语义标注。计算机教学资源形式多样，有文字、图片、音频、视频等形式，不同的资源，机器标签也不同，如对于图片、文本就可以标注学习资源的知识点内容、内容质量、难易度等；对于视频、音频，机器要自主学习，在关键知识点处标记出知识内容，方便学生后期检索学习资源。教学资源的语义标注可以使机器能够像人的大脑一样理解和处理信息，实现资源间的动态联通、重组和进化。

（3）机器对资源进行重组

机器通过语义关联，自动挖掘新上传资源与以往资源的语义关系，将相似资源通过语义关联机制自动进行重组，实现对同类资源的自动汇聚，最终形成专题资源。所有资源都会成为资源网中的一个节点，在与其他资源节点的相互关联作用中实现自我进化。资源重组有效避免了资源的散乱生长，实现了计算机教学资源的持续、有序进化。

（4）机器对资源进行追踪分析

对资源的使用情况还应建立相关评价机制，由机器跟踪、分析不同用户对资源的使用情况，包括用户对资源的评价、资源的浏览量、资源的使用频率等，机器自动进化优良资源，分解劣质资源，从而保证资源的优化和调整，实现资源的"优胜劣汰"。计算机教学资源进化是一个复杂的系统过程，涉及资源、技术、人等多个要素，教育行业需要加大对资源进化的关注，促进资源的智能进化。

（二）智能推送计算机教学资源

随着万物互联的实现，信息和知识的更新速度加快使优质、个性化的教学资源在短时间内被用户获取，资源推送不失为一种好的方法，也是有效解决学习资源海量增长与学生信息处理能力有限之间矛盾的措施之一。一些互联网公司已经实现商业上的个性化推送，如打车软件可以做到根据用户的位置、目的地等推送合适的司机；电商可以做到根据用户的浏览和购买行为进行追踪分析，实现个性化推荐商品。资源推送在教育领域也不是新的概念，许多在线学习平台已经具备资源推送的功能。

传统的推送方式主要采用电子邮件推送、用户订阅、发送链接，没有实现个性化、智能化的推送目标。此外，在传统计算机教学中，学生做许多练习，教师才可能发现学生知识点欠缺的地方。在教育领域中要想实现计算机教学资源的个性化匹配，应考虑学习过程的复杂性，对于任何一个学生，不论当前处于怎样的学习状态，其下一步要学习什么、怎么学、达到怎样的程度，这些都是需要综合判断和测量的。面对这些复杂的教学问题，要基于对学习者特征的测量和量化描述，最终推送适合学生的学习内容。

智能推送可以预测和识别用户的个性化特征与需求，从而有针对性地主动推送计算机教学资源，以便在信息泛滥的大数据时代为用户提供具有针对性、个性化和智能化的服务，满足用户轻松获取所需信息的需求。

传统计算机教学对学生采取"讲解＋实操"的模式进行，而利用人工智能帮助拆分知识点、"打标签"，可以为学生个性化匹配学习资源，智能查找学生学习的盲点与重复率，从而指导或帮助他们减少因为理解问题而浪费的时间，提高学习效率。智能推送计算机教学资源的流程如下。

1. 数据获取及处理

智能推送的前提是获取大量的学习数据，通过数据挖掘与分析，了解学生的学习习惯、学习兴趣、学习风格、学习偏好等个性化特征。智能化教学环境、教学平台、移动终端以及各种智能穿戴设备等可以将学习者学习过程数据实时记录下来，在线学习平台根据数据分析对象，提取数据分析中所需要的特征信息，然后选择合适的信息存储方法，将收集到的数据存入数据管理仓库。

2. 智能分析

通过人工智能对学生的学习情况（学习能力水平、学科知识掌握情况、学习主动性等）数据进行深度挖掘与分析，在线学习平台可以发现学生的学习强项与知识薄弱点、学习兴趣点、所需资源类型等。

3. 智能推送

在线学习平台可以将系统的资源与智能分析的结果进行比对，选择学生需要的学习资源，进行针对性推送，保证资源推送的动态性与实效性。

4. 检测学习情况

平台推送测试题检测学生知识点掌握情况，若当前知识点已掌握，则进入下一知识的学习；若判断学习效果不佳，则继续推送不同类型的学习资源。

（三）智能检索计算机教学资源

1. 当前检索系统存在的不足

计算机和网络的发展为计算机教与学提供了海量信息资源，如何更好地利用网络资源，提升资源检索的智能化程度是教育技术领域的重要研究方向。目前，网络上有很多搜索引擎。互联网的诞生给教育带来了前所未有的变革，使得信息资源异常丰富，从我国推行的视频公开课、资源共享课，到起源于美国的慕课，网络教育资源让学生"足不出户"便可游遍知识海洋。但是真正想找到适合学生需求、高质量的计算机教学资源却如同大海捞针。当前的检索系统还存在一些不足，主要表现在以下三个方面：一是个性化服务不足，大多数检索系统都以关键词为检索方式，无法适应每个用户的检索习惯；二是用户与搜索引擎的交互方式单一，大多还仅仅体现在文本输入形式的信息交互；三是搜索引擎的相关性和准确度不高，导致用户不能从检索结果中找到满足自己需求的资源。

2. 新一代搜索引擎的发展

那么，如何让学生快速准确地找到所需计算机教学资源呢？当智能推送的资源不能完全满足学生的需求时，学生又如何根据自身需求，检索所需的知识及资源呢？

人工智能的出现使得搜索引擎突破了传统的网页排序算法，进化到由计算机在大数据的基础上通过复杂的迭代过程自我学习并最终确定网页排名。早期的网页排序算法是通过找出所有影响网页排序结果的因子，然后依据每个因子对结果排序的重要程度，用一个复杂的、人为定义的数学公式将所有因子串联起来，计算出结果页面中最终的排名位置。当前搜索引擎所使用的网页排序算法主要依赖于深度学习技术，其中网页排序中的数学模型及数学模型中的参数不再是人为预先定义的，而是计算机在大数据的基础上，通过迭代过程自我学习的。影响排序结果的每个因子的重要程度是由人工智能算法通过自我学习确定的，使得搜索结果的相关度和准确性得到大幅提升。

3. 智能检索对计算机教与学的支持

近年来，人工智能在自然语言理解、语言识别、网页排序、个性化推荐等领域取得了巨大进步，百度、谷歌等主流搜索引擎正在从简单的网页搜索工具转变为个人的知识引擎和学习助理。可以说，人工智能让搜索引擎越来越"聪明"了。搜索引擎的优化，让学生精确找到所需资源，再也不会在知识的海洋中忍受"饥渴"，其对计算机教与学的支持主要表现在以下两个方面。一是检索交互多样化。智能化搜索引擎可提供多种检索模式，如快捷检索导航、文本信息检索、语音检索、个性化定制导航等，为不同文化背景的资源需求者提供便利。二是检索结果个性化。根据个人信息登录的搜索引擎记录，对检索记录进行数据挖掘，动态语义聚合成个人知识引擎，根据学生的爱好、搜索习惯等个性化提供不同类型资源

（文本、图片、视频、音频等），有助于激发学生的学习兴趣，帮助其开展自主学习，满足学生的个性化需求，最大限度地避免网络迷航。

三、计算机教学环境的构建

教学环境的发展是促进计算机教学变革的基础。信息时代对教学环境的建设提出了更高的要求，如智能感知学生需求、个性化提供学习服务等。为满足学生的个性化学习需求，智能化教学环境成为当代教育环境发展的必然趋势。

（一）智能化计算机教学环境的演变与特征

1.教学环境的演变

教学环境是影响学生学习的外部环境，是促进学生主动建构知识意义和促进能力生成的外部条件。随着技术的发展，教学环境也在不断优化。从早期的留声机，以及无线广播应用于远程教学、扩大教学规模，到电视机支持电视教学、录像机成为视听学习工具等，再到现代的多媒体计算机、网络技术支撑的在线教育，这些技术都在教学中发挥过举足轻重的作用，对教学环境的发展具有积极的推动作用。1998年，美国前副总统小艾伯特·阿诺德·戈尔提出"数字地球"的概念，并进而引出数字校园、数字城市等理念，教学环境的研究与实践步入数字化时代。然而，数字化教学环境下学生的学习场所仍比较固定，就是教室，学生获取知识的来源也比较单一，主要是教师讲授，教师为教学主导，忽略了学生学习的主体地位，以"满堂灌"完成教学任务，没有很好地指导学生形成勇于探索和批判的创新精神。

2.智能化计算机教学环境的特征

（1）感知化

智能感知是智能化计算机教学环境的基本特征，指的是在人工智能与各种嵌入式设备、传感器的支持下，对教学环境进行物理感知、情境感知和社会感知。物理感知主要是指对教学活动的位置信息和环境信息进行智能感知，如温度、湿度和灯光等，为学生提供温馨舒适的学习环境；情境感知是从物理环境中获取教学情境信息，识别所需的各种原始数据，从而构建出情境模型、学生模型、活动模型和领域知识模型，为教学活动的开展推送教学资源、连接学习伙伴等；社会感知包括感知学生与教育者的社会关系，感知不同学生的学习与交往需求等。

（2）泛在化

智能化计算机教学环境应该是一种泛在的教学环境，能够支持教学共同体随时随地以任何方式进行无缝的教学、学习与管理，同时为其提供无处不在的教学支持服务。泛在教学环境不是以某个个体（如教师）为核心的运转，而是点到点的、平面化的学习互联"泛在"。目前，计算机教学资源都是以文本、视频、音频、动画、图片等数字化形式存在，智能化计算机教学环境利用人工智能可将教学资源数据化，通过将音频转换为文字，将文字内容智能识别，可以提高信息的传播速度、提高教学资源共享率，而且可以根据不同学习者的学习风格自动转换学习资源类型，帮助学生获得良好的学习体验。

（3）个性化

在大数据、学习分析、数据挖掘等技术的支持下，为教师和学生提供个性化的教学环境是教学环境发展的重要方向。智能化计算机教学环境通过感知物理位置和环境信息，记录教师和学生教学与学习过程中形成的认知风格、知识背景和个性偏好，从而为其提供个性化的教学资源、工具和服务。

（4）开放性

智能化计算机教学环境利用人工智能打造一种云端学习环境，为学生提供开放的、可随时访问的、促进学生深入参与的学习环境，支持开放学校、开放教师、开放学分、开放教学内容，支持全球课堂的发展。云端学习环境下，学生不再仅仅听教师的知识传授，因为知识在家里也可获取，这种环境下的教学重要的在于交流，学习环境由原来的知识场变为行为场、交流场、激发场，通过局部小环境的变化带来学校环境的整体变化。正如美国斯坦福大学的新型教育模式《斯坦福2025计划》所指出的那样，教育不是去教授，而是为学生创造新型的学习环境。

（二）智能化计算机教学环境的技术支持

教育人工智能的目标就是促进自适应学习环境的发展。《新一代人工智能发展规划》指出，要实现高动态、高维度、多模式、分布式大场景感知。人工智能不仅要听懂人类的声音，更重要的是要学会"察言观色"，感知人类的情绪。在这一方面，智能感知、生物特征识别等技术的飞快发展，为智能化计算机教学环境的构建提供了有力支撑。

1.智能感知

智能感知利用 RFID、QRCode、智能手环等各类传感器或智能穿戴设备，获取教师和学生的姿势、操作、位置、情绪等方面的数据，以便分析教学和学习过程信息，了解访问需求，连接最有可能帮助解决问题的专家，或者为学生构建相同学习兴趣的学习共同体，提供合适的支持服务。

智能感知是实现个性化学习资源推送的基础，其目标是根据情境信息感知学习情境类型，诊断学生问题，预测学生需求，以使学生能够获得个性化学习资源。智能感知涉及学生特征感知、学习需求感知等。在学生特征感知方面，智能化计算机教学环境综合数据分析和学生行为分析，能够自动识别学生特征，判断学生的学习风格，从而帮助教师准确定位，实施更具针对性的教学措施。在学习需求感知方面，智能计算机教学环境通过智能感知环境信息、识别学生特征、学习数据分析等智能匹配学习任务、学习内容，根据学生情绪变化智能调节教学进度。

2. 生物特征识别

生物特征识别技术是指通过个体生理特征或行为特征对个体身份进行识别认证的技术，其在教学中的应用较为广泛，无论是语音识别、人脸识别、动作识别，还是脑波识别，都属于生物识别范畴。将这些识别技术应用于计算机教学，有利于教师识别出学生的学习状态，动态调整教学内容、教学进度，达到更好的教学效果。

（1）人脸识别

人脸识别是一种机器视觉技术，是人工智能的重要分支。近年来，人脸识别渐渐走入人们的日常生活，如火车站安检、刷脸支付、刷脸开机（手机）等。在教学领域，人脸识别在教学场景中也慢慢发挥其作用。一方面，人脸识别技术可用于国家教育招生考试中，严密防范考试作弊行为。另一方面，在智慧教室中配备高清摄像头，人脸识别技术可以捕捉每一个学生的面部表情，根据面部表情分析出学生的注意力是否集中，以及对所学知识点的掌握情况，然后将这些数据反馈给教师。教师根据反馈调整讲课的节奏、内容，以达到更好的教学效果。

（2）动作识别

动作识别是人工智能模式识别的一个分支，研究怎样使计算机能够自动依据传感器捕获到的数据正确辨析人类肢体动作，将动作准确分类，还可以根据某些策略和规则对该动作提出干预意见，从而帮助人类修改可能产生的异常行为。动作识别可以用于实训型的教学场景中。传统实训课堂环境下，学生操作是否正确需要教师进行判别，但教师在有限精力内只能观测少量学生。将动作识别应用于教学环境可以有效解决以上问题，系统可以自动识别每一个学生的操作，与系统库内的标准动作进行比对，分析判断学生操作是否规范。

（3）声纹识别

声纹识别是指根据待识别语音的声纹特征识别讲话人的技术。声纹识别技术通常可以分为前端处理和建模分析两个阶段，声纹识别的过程是将某段来自某个人的语音经过特征提取后与多复合声纹模型库中的声纹模型进行匹配。常用的识别方法有模板匹配法、概率模型法。通过声纹识别，系统可以推断教学过程中学生的自尊、害羞、兴奋等情感，从而发现学生可能遇到的问题。

第三节　人工智能促进计算机教与学方式的转变

　　智能化计算机教学工具、资源、环境的建设是计算机教学变革的基础。在教师教学方面，人工智能可以辅助教师开展备课、教学、辅导与答疑等环节，有效促进教学进一步向智能化、精准化和个性化方向发展；在学生学习方面，人工智能可对学生预习、交互、练习、深度学习等过程提供支持，帮助学生不断认识自己、发现自己和提升自己，改进学习体验。具体过程见表7-5。

表 7-5　智能化教学过程

对象	教学过程	功能
教师	智能化备课	钻研教材、学情分析、规划教学过程
	精准教学	提供个性化教学内容，实时监控教学过程，智能指导教学
	个性化辅导与答疑	智能辅导，在线答疑
学生	自适应预习新知	根据个体的行为特征、学习习惯和学习进度及时推送具有针对性的学习资源，并随时提供远程辅导
	智能化交互学习	人机交互，构建学习共同体
	智能化陪伴练习	侦测学习盲点，兴趣驱动，实时交互，自动化测评
	智能引导深度学习	理解学习是如何发生的，为学生的深度学习创造条件

一、智能化计算机教学

人工智能应用于计算机教学，可以辅助教师智能化备课，实施精准教学，开展个性化辅导与答疑，并且可以大大减轻教师的负担，提高教学效率。

（一）教学发展的过程

随着信息技术的发展，教学形式也在不断变化。根据技术工具在教学中的应用，可以将教学发展过程分为传统教学、电化教学、数字化教学和智能化教学四个阶段。

随着幻灯片、录音、录像、广播、电视、电影等技术在教学活动中的应用，传统教学开始向电化教学转变。从留声机到无线广播，从盘式录音机，到后来的电视机等，这些技术的应用都对教学的发展具有积极的推动作用，扩大了教学范围，提高了教学效率。

在互联网、计算机、移动终端发展的推动下，教学模式逐步走向数字化，教学理念也由"以教师为主体"转变为"以教师为主导，以学生为主体"，师生地位被重新定位。网络技术、多媒体的广泛应用使教学形式更加丰富，出现了网络教学、混合式教学、翻转课堂等新型教学模式；音频、视频、动画等媒介形态和虚拟现实、增强现实技术使教学内容和形式更加多样化和立体化。

从传统教学到数字化教学，教学理念、教学内容、教学工具等都发生了很大改变，然而信息技术与教学还未深度融合，教学质量还未得到显著提升。面对数字化教学发展存在的难题，如何创新应用人工智能、大数据、云计算等技术提升教学的智能化水平，促进技术与教学的深度融合，成为智能教育发展亟待解决的问题。

（二）智能化计算机教学的内涵

在传统教学环境下，由于缺少技术支撑，计算机教师往往根据经验来开展教学，难以实现真正的个性化教学。近年来，伴随着大数据、人工智能等技术的发展，人工智能融入计算机教学，使传统的以教师、学生为主的二元教学主体向以机器、教师、学生为主的三元教学主体转变，有助于提升教师的教学智慧，促进创新创造型人才的培养。

1. 智能化环境是智能化计算机教学的基础

智能化教学环境的建设为开展智能化计算机教学创造了条件。从传统教学到数字化教学再到智能化教学的改变是伴随着教学环境变化不断发展的，而每次变化都会对教学理念、教学模式等产生影响。在教学方式上，智能化教学环境提供的各种智能化教学工具和优质教学资源，为精准授课、个性化教学的开展提供了有力支持；人工智能与虚拟现实、增强现实的结合使计算机教学更加立体、形象；大数据技术强化了对教学数据的分析能力，使计算机教学更具针对性。

2.机器、教师、学生是智能化计算机教学的主体

教学主体论经历了教师唯一主体、学生唯一主体、双主体论、主导主体说、三体论、主客转化说、复合主客体论、过程主客体说等发展过程，具体内容见表7-6。

表 7-6　教学主体论的发展过程

类型	内容
教师唯一主体	教师是主体，学生、教学内容等都是客体
学生唯一主体	学生是教学过程中的主体
双主体论	教师和学生都是教学过程中的主体
主导主体说	教师是主导，学生是主体
三体论	强调教学过程不能只考虑教师和学生，还应对其他因素给予关注。三体论关注教师、学生、环境三者相互发生作用
主客转化说	教学中存在主客体关系，这种关系不是一成不变的，是可以相互转换的
复合主客体论	教学中的主客体是交织在一起的，具有复合性
过程主客体说	将教学过程的主体确定为教师，客体是学生；把学习过程的主体确定为学生，客体为教师或教学内容

无论是何种学说，教学过程的核心要素都是教师和学生，在教学中出现的音频、视频、动画等媒介形态，录音机、电视等教学工具，虚拟现实、增强现实等

151

技术手段，也仅仅是充当辅助教学的角色，并没有改变教学核心要素的地位。当人工智能进入教学，机器可以在整个教学过程中辅助教师备课、演示、教学、答疑、测评，全方位陪伴学生学习，教学核心要素因此发生改变，教师、学生和机器成为教学的核心，机器将在教与学这一过程中扮演重要角色。

从教师—机器视角来说，一方面，教师可以向机器发令，利用机器帮助教师搜索优质教学资源，将智能机器生成的个性化教学内容推送至学生学习空间，通过学情分析报告了解班级整体学习情况；另一方面，机器可以向教师提醒教学过程中学生存在的问题，提供决策支持服务，帮助教师批改作业、进行答疑，减轻了教师的负担，使教师可以把更多的时间和精力用于提升教学质量和教学创新上，最终实现机器与教学场景的紧密融合，为学生提供更具个性化的教学体验。

从学生—机器视角来说，学生在学习过程中可以随时向机器提问，搜索学习资源等；而机器在学生学习过程中可以起到引导、陪伴、激励、调节学习情绪的作用，让学生感受到学习伙伴的支持，减少畏难情绪，激发学习兴趣。智能机器通过分析学生的基础信息数据、行为数据和学习数据，智能生成个性化学习路径，提供个性化学习支持服务，推送个性化学习资源以及进行智能测评与及时反馈，帮助学生更好地进行自主学习。

从教师—学生视角来说，人工智能进入教学，教师能够及时感知学生的学习需求，提供个性化学习支持，学生与教师间的交互更加及时、流畅，教学不再是"满堂灌"，而是学生主动探索、主动学习的过程。

3. 智能化计算机教学有助于提升教师的教学智慧

智能化计算机教学使教师的课堂管理更加高效，教师可以实时掌握学生的学习状态，提供具有针对性的指导。智能化机器辅助教师备课，帮助教师批改作业，大大减轻教师教学负担，使其将更多的时间用于思考教学设计，与其他教师分享教学方法、心得体会，更好地进行教学反思，促进教学效果的提升。

（三）智能化计算机教学模式设计

以教师、学生、机器为核心的教学主体的改变，使得教师与机器、学生与机器、教师与学生的交互更加高效、开放和多元，技术的发展、环境的改善、自适应学习资源的丰富使得教学过程更加流畅、教学交互更加深入及时、教学效果更加明显。从课前、课中到课后，智能化计算机教学相比传统教学在各个环节上都更加高效，笔者围绕人工智能发展带来的变化构建了智能化教学模式。

课前，教师将学习目标、个性化的预习内容推送至学生个人学习空间，学生进行自主预习。教师可远程监控学生的学习轨迹，根据学生的学习行为、学习进度及时推送个性化的学习资源，满足学生的学习需求，并随时提供远程辅导。所有学生完成课前预习时，智能化教学平台自动生成预习报告，教师可查看班级整体以及学生个体的学习情况，了解学生的知识薄弱环节，进而调整教学内容，设计更具针对性的课堂活动。

课中，教师首先对学生课前的预习情况进行快速点评，总结学生在预习过程中存在的共性问题。通过智能化教学平台，学生可以与教师实时互动，教师可以"一对多"地解决不同学生的问题，充分调动学生课堂学习的积极性，使每一位学生都参与其中；教师可以实时监控每一位学生的学习过程，了解其学习进展与困难，进行个性化指导。

课后，学生对课堂所学内容进一步深化，智能化教学平台对学生课堂学习的数据进行分析，智能判断每个学生可能存在的知识难点，提供个性化学习辅导。对于教师而言，智能化教学平台可根据教师的教学过程和学生的课堂表现，给予教师关于教学方法的改进建议，帮助教师及时反思、查漏补缺，实现分层教学。

1.智能化备课

备课是真实教学实践的预演，其既是确保教学质量的前提，又是教师专业发展的途径，还是教师教学工作的关键环节之一。备课过程中教师要尽可能照顾所有学生的学习进度。但在真正的教学中，教学进度难以掌控，可能会出现有些学生"吃不饱"，而有些学生"无法消化"等情况。由人工智能辅助教师备课，可以有效解决上述问题。具体的备课过程包括钻研教材、学情分析、规划教学过程。

（1）钻研教材

备课不能只做表面文章，应付学校检查，更不能一味地奉行拿来主义，拿起参考书就抄，拿起网络搜索的课件就用，有现成的教案就搬。教师要告诉学生本节内容在整个学习阶段的地位和作用，学习它是为解决什么问题，本节的思想方法是什么，学习后可以提升哪些能力，等等。因此，备课的前提是教师要认真钻研教材，熟练掌握教材的内容，明确教学目的、教学重点和难点以及教学方法的基本要求，要做到统领全局，抓住教学主线。

教师在认真钻研教材的基础上，利用智能备课系统进行备课。第一，备课系统可以根据教师的授课教材信息和即将要备课的章节，向教师推荐优秀教案，教师通过学习教案，吸收先进的教学方法和教学思路。第二，备课系统可智能推送与该教材章节相关联的各类资源，教师自主选择适合教学内容的教学资源，或者教师通过智能备课系统自动搜索教学资源来充实教学内容。另外，理论上通过人工智能深度学习用户的数据进行不断改进和完善搜索引擎，系统能够为教师提供丰富的资源。

（2）学情分析

教学是教师教和学生学的双向互动过程，因此对学生的分析是教师备课过程中不容忽视的环节。教师对学生进行分析，不仅要了解整个班级的学习氛围，还要了解每个学生对学科知识和技能的掌握程度、学习习惯和学习态度、思维特点等。学情分析是教师进一步设计教学活动、选择教学资源的依据。然而，教师以往对学生的分析一般是依据个人教学经验和对学生的主观认识进行的，无法了解班级所有学生的学习情况，也就无法实现真正的因材施教、个性化教学。

近年来，随着人工智能、大数据与学习分析技术的发展，教师可以轻松了解每个学生的学习特点。通过智能环境记录学生学习过程数据，备课系统基于大数据技术可以智能分析和挖掘学生的知识掌握、学习兴趣、学习风格等信息。备课系统对教学平台上学生的作业练习、预习准备情况等数据进行挖掘分析，可视化呈现"诊断报告单"，报告上显示每一个学生对当前知识点的掌握情况，并给出分析，针对改进、对症下药，从而查漏补缺，制订科学、合理的个性化教学方案。这有利于满足学生的学习需要，提高教学效果。

（3）规划教学过程

教师在理解教材、了解学生的基础上，要依据学生的学习风格、学习需求等参数，选择教学资源、教学策略，规划教学过程，要做到重点突出、难易适度、论据充足，以保证学生有效地学习。教师在对上述内容了然于胸时，通过搜索与整合智能备课系统中的资源，形成电子教案。同时，智能备课系统依据教案内容为教师制作课件以及提供课堂测试习题。教师仅需根据所教班级的学生特点与个人的教学习惯，对教案、练习题以及课件稍做调整即可用于教学。

2. 精准教学

精准教学是基于伯尔赫斯·弗雷德里克·斯金纳的行为学习理论提出的方法，用于评估任意给定教学方法的有效性。从理论上看，精准教学可以追溯到孔子的"因材施教"和苏格拉底的"启发式教学"，他们都把"精准"作为教学的目标和理想。

在传统教学环境下，由于缺少技术支撑，教师往往根据经验开展教学，难以实现真正的精准教学。近年来，大数据、人工智能等技术的发展，使得精准教学成为可能。精准教学借助大数据、人工智能等技术手段提供个性化教学内容，实时监控教学过程，智能指导教学，即利用技术辅助教师更好地进行授课。

（1）提供个性化教学内容

在当前计算机教育中，教师根据课本以及学校安排的课程时间进行教学。每年的教学内容几乎一致，教师无法及时补充并拓展教学内容。而且，传统教学过程对所有学生采用统一的教材，不能够为学生提供个性化的教学内容。要想实现对学生的个性化教学，就要为学生提供不同的教学内容。但对一个知识点实行个性化教学，就需要提供成百上千的教学内容，而所有这些知识内容都靠人工开发是不现实的。

利用人工智能可动态组合出符合学生特定风格、特定能力结构、特定学习终端、特定学习场景、特定学习策略的个性化学习内容。在人工智能取得突破性进展以前，上述内容的提取和建模都不太理想，因而为学生提供个性化教学内容和制订个性化教学方案一直难以真正实现。随着人工智能、大数据、云计算等技术的不断成熟，教学平台基于上述智能技术能够进行学生行为的精准数据挖掘，为个性化教学内容建设提供了关键技术支撑。

未来，每位学生学习的课程、科目、内容将不尽相同，实现个性化培养，颠覆同样年龄的学生在同一时间、同一地点学习同样内容的教学形式。

（2）实时监控教学过程

传统教学中教师无法记录教学过程中的数据，而数据是基础信息，只有采集了教学过程中常态化的海量数据，教师才能说"了解"每一个学生，才能看到学生发展进步的动态过程。智能化教学平台搭配智能穿戴设备已经可以将教学过程中的数据记录下来，为指导教学提供支持。

课堂教学中，智能穿戴设备通过情感计算对整个教学过程进行实时监测，推断学生的学习状态和注意力状态，实时调控教学过程，并将这些监测数据上传至智能化教学平台，作为教师评估学生课堂学习表现和改进教学策略的依据。学习状态和注意力状态监测主要包括声音监测、面部表情监测、脑电图监测等。

（3）智能指导教学

在借助智能化教学平台组织教学的过程中，实时便捷地采集学生学习过程中的数据，智能分析学生的学习态度、学习风格、知识点掌握情况等信息，使教师能够精准掌握学生个体的学习需求，智能辅助教师开展动态的教学决策，依据教学数据，开展针对教学，从而帮助每一个学生实现个性化学习，用技术提升教学效率。另外，通过统计班级整体的学习氛围状况、薄弱知识点分布、成绩分布等学情信息，教师能够精准掌握班级整体的学习需求，最终为合理规划教学资源、恰当选取教学方式提供专业指导意见，实现教学过程的精准化。

3. 个性化辅导与答疑

个性化辅导与答疑一直是教育追求的目标，然而课堂教学时间有限，教师无法为所有学生辅导和答疑，但人工智能的发展给解决上述问题带来了新的方案。

（1）智能辅导系统

智能辅导系统是指一个能够模仿人类教师或者助教来帮助学生进行某个学科、领域或者知识点学习的智能系统。一个成功的智能化教学系统应当具备教育者的基本功能，即拥有某个学科领域的知识，用合适的方式向学生展示学习内容，了解学生的学习进度和风格，对学生的学习情况给予及时而恰当的反馈，帮助学生解决问题。通常情况下，智能化教学系统包括学生模型、领域模型和教学模块。学生模型主要描述学生的知识水平、认知和情感状态、学习风格等个性信息；领域模型采用各种知识表示方法来存储学科领域知识；教学模块（或辅导模块）是具体实施教学过程的模块，包括生成教学过程和形成教学策略的规则。

未来，通过建立相应的知识图谱与知识库，将其结构化处理后内置到机器人中，智能化教学系统就可以实现接收问题，建立问题库，自动答疑，并将典型问题转送给教师为学生答疑解惑。

（2）在线答疑

计算机教学中有时会存在一些抽象难理解的知识点，如"存储程序"原理、数制表示等。对这些抽象的知识点学生学起来很困难，同样教师教起来也会感觉无从下手。为了将这些抽象的知识变得具象化，一些教育机构将人工智能与增强现实结合，推出了将人工智能应用于教育行业场景的产品——"AR 知识点解析"，即通过图像识别、增强现实、3D 模型等技术原理，将抽象的知识真实、立体地呈现在学生面前。以前不擅长空间想象的学生，对于这些抽象的内容可能无法理解，但是跟随 AR 动态的讲解，学习变得轻松高效。

在线答疑借助智能图像识别技术得以高效实现。学生在学习过程中只要对着书上的一张二维图像进行扫描，手机就会在较短的时间内匹配出正确的知识解析，帮助学生梳理相关知识点，为学生呈现清晰的知识脉络。当学生在解题过程中遇到困难时，只要手机点击相机切换至 AR 模式，手机摄像头就会对题目知识点配图扫描提取特征点，并与已记录的知识点配图特征点进行配对，从而加载预先设计好的 3D 模型知识点信息，将原本枯燥、抽象的知识点变得更加直观形象，大大提高学习效率。

立体化的在线答疑，不但将内容严谨、有趣的科学知识以逼真的画面呈现，让学生感觉犹如置身其中，轻松领略自然、科学、历史、人文、地理的千姿百态，而且可以增强学生的体验感，同时对提升学生认知能力有很大帮助。

二、智能化计算机学习

计算机学习方式变革应关注学生的"学"，着重思考怎么引导学生学习，智能化教学平台通过创设不同类型的学习任务，营造支持性学习环境，帮助学生自适应预习新知、智能交互学习新知、智能化陪伴练习、智能引导深度学习，从而提高学习效果。

（一）学习的发展过程

基于学校教育的学习发展过程主要经历了传统学习、数字化学习和智能化学习三个阶段。这三个阶段的学习方式是递进的，新学习方式的出现以原有学习方式为基础，每一种学习方式在不同阶段都会被赋予新的内涵。

传统学习主要依赖教材，是学生进行记忆、背诵、纸本演算的学习过程，学习只是为了知识的提升，仅仅考查学生的知识掌握程度，忽视了综合素质、能力的培养，导致学生只重视考试成绩，往往临阵磨枪，制约了学生创新能动性的发展。

数字化学习对人类学习发展具有重要意义，引领人类的学习进入网络化、数字化和国际化的时代。数字化学习是指学生在数字化学习环境中，借助数字化学习资源，以数字化方式进行学习的过程。它包含三个基本要素，即数字化学习环境、数字化学习资源和数字化学习方式。数字化学习环境主要通过多媒体设备、交互式电子白板、计算机和互联网构建。数字化学习资源具有多样性、丰富性等特点，可以实现大范围的开放共享，满足学生多元化的学习需求。数字化学习资源和学习环境的支持，为多样化的学习方式提供了条件，有助于促进学生综合素质的全面发展。

智能化学习是学生在智能化学习环境中按需获取学习资源，自主开展学习活动，享受个性化学习支持服务，获得及时反馈评价，能够正确认识自我的不足与优势，促进综合素质和创新能力提升的学习活动。

（二）智能化计算机学习的内涵

1. 正确认识自我的不足与优势

正确认识自我的不足与优势是学生能够运用合适的方法提升自我的基础。在传统计算机教学过程中，学生的学习比较被动，不同的学生却有一致的学习内容、学习工具、学习活动，缺少个性特征。标准化的学习使得学生容易随大流，难以真正认识到自己的不足与优势。在智能化计算机学习过程中，学生可以获得自适应学习资源，通过智能化测评工具获得及时反馈，发现自己的认知特征、学习偏好、优缺点等。智能化计算机学习能让学生清楚自己的学习目标，定位自己的发展方向，认识自身存在的价值，挖掘自身潜能，实现个性化成长。

2. 促进综合素质和创新能力的提升

智能化计算机学习的最终目标在于提升学生的实践能力、创新能力和终身学习能力。智能化计算机学习强调情境感知，使学生在情境中获取知识、在实践中运用知识，启发学生的创新意识，不断激发学生的求知欲，让学生在探索知识的过程中提升自身综合素质和创新能力。

（三）智能化计算机学习的一般流程

智能化计算机学习是在智能化学习环境中开展的以学生为中心的计算机学习活动，不仅能够使学生及时获取所需资源与评价反馈，还能使其享受个性化学习支持服务，使计算机学习变得更加轻松、高效和有趣。

1. 自适应预习新知

自适应学习是一种复杂的、数据驱动的学习模式，很多时候以非线性方法为学习提供支持，可以根据学生的交互及其表现动态调整，并随之预测学生在某个特定时间点需要哪些学习内容和资源以取得学习进步。自适应学习不仅有利于真正实现个性化学习，还有利于个性化人才的培养。

目前，人工智能已经广泛融入自适应学习技术支持的产品或服务中，智能化教学平台就是典型的应用。人工智能支持的自适应学习不仅可以提升学生的学习兴趣，使学生积极参与其中，还能够提升学生的自主学习能力，帮助学生找到适合自己的学习方法。知识不再是课堂上由教师传授，而是由学生在课前自主预习、自主获取。智能化环境为学生开展课前自主预习提供了有效支持。课前教师通过智能化教学平台，根据个体的行为特征、学习习惯以及学习进度，推送具有针对性的学习资源至学生个人学习空间，方便学生进行预习。这种预习是具有可控性的，学生有没有完成预习、预习的情况和答题情况等，都会在教师端以数据的形式直观呈现。教师可以对学生的学习轨迹进行远程监控，及时了解学生的预习情况，并对预习数据进行分析，初步了解学生在预习过程中遇到的问题以及容易出错的知识点，做好教学记录，并随时提供远程辅导。

自适应学习要能够在具体场景中巧妙呈现学习资源，激发学生的学习兴趣，让学生在潜移默化中增长知识。将知识融入具体生活场景中，更有助于学生的消化吸收。因此，智能化教学平台要尽可能创设情境实现自适应学习，具体可以从以下三个方面来实现。

一是"知人善供"。自适应学习的前提是智能化教学平台要了解学生的特点和需求，在此基础上运用人工智能。平台可随环境的变化因人而异地提供适配的学习资源，每位学生都可以听到与自己进度相关且感兴趣的话题。

二是"识物即供"。在学生用手机扫描自然环境中的物体时，智能化教学平台可以对其识别，并在此基础上为学生自动显示、朗读、播送识别物体的相关内容。学生可以自主控制朗读的节奏、是否显示中文翻译、是否进行反复听读，同时系统可以向学生推送相关内容。

三是"远程随供"。智能化教学平台推送国外或较远距离场景化的内容，从而让学生借助不断变化的条件进行更好的情境化的学习，进而更好地培养学生的国际化视野，让学习置于真实的环境之中，可以达到更好的学习效果，提升学生的学习效率。

此外，还可设置人工智能虚拟教师，使学生可连接任意场景，听虚拟教师讲解自己感兴趣的知识点，让学习回归具体场景，如工厂自动化生产线、辅助机器人对话、无人机远程控制等。学生也可通过角色扮演，参与到具体的学习场景，将枯燥的学习内容变为形象、立体的内容，进而学得轻松、愉快、高效。

2. 智能化交互学习

心理学家让·皮亚杰认为，学生在学习过程中与外部环境进行互动交流，有助于逐步构建起自身的认知结构，从而有效提高学习效率。但是传统计算机教学缺乏有效的互动，学生大多处于被动学习的地位。

近年来，人工智能领域的研究者也开始探索各类新的技术层面的交互方式，如自然语言处理、模式识别等，这些技术可用于提升教育人工智能应用的性能。人机交互是人工智能领域的重要研究部分，人机交互可以重构学习体验，提供更具互动性的教学，甚至可以从视觉、听觉、触觉来影响人们的认知。人工智能可以从以下两个方面为学习交互提供支持。

（1）人机交互重构互动性的学习

前文提到的智能化教学工具——智能化教学平台可帮助重构互动性学习。

第一，通过智能化教学平台和学生使用的手机移动终端，上课前，学生通过扫描投影幕布上的二维码即可完成签到，教师再也不用浪费时间点名，从而节省了课堂时间。

第二，传统课堂上，个别教师一般只关注成绩较好或较差的学生，这些学生被点名回答问题的次数也就比较多，其他学生则与教师交互较少，也存在侥幸心理，不会认真思考教师提出的问题，而智能化教学平台可以有效解决这一问题。通过随机提问功能，平台让学生的名字滚动在屏幕上，让每一位学生都可以集中注意力，认真思考，有效提升课堂交互效果，平均关爱到每一位学生。平台还可以通过抢答功能，解决学生故意低头不愿意举手回答问题的冷场情况，改变传统学习习惯，活跃课堂气氛。教师也可以将学生的回答记录到教学平台上，给出学生评价。

第三，随堂测试功能可以方便教师实时掌握学生的课堂学习情况，调整教学步调。课堂上可以进行实时答题，教师可以自由选择是否开启弹幕，学生通过手机或者平板电脑发表疑问、提出看法。这些内容会实时显示在屏幕上，以弹幕形式的教学模式极大地激发了学生学习兴趣。

第四，学生可以将课下预习过程中存在的问题发布在教学平台上。一方面，通过人工智能系统的语义识别，机器可以及时回复学生提出的基础性知识问题，极大地节省师资；另一方面，教师可对学生的知识点掌握情况有一个大概的了解，明确教学中的重点和难点。

（2）小组交互构建学习共同体

智能化教学平台还有一个分组功能，教师可以利用人工智能并基于对每个学生的知识点和技能操作水平的了解对其进行合理分组，从而完成特定任务。智能化教学鼓励学生进行合作学习。社会上的很多工作不是凭个人能力就可以完成的，它需要团队合力完成，在团队中，每个人都发挥自身优势，精诚合作。通过小组成员互相督促和引导，课前，学生一起预习教师推送的学习资料，共同发现问题、解决问题，有效培养自身的探索能力；课堂上，学生可以对教师所提问题共同探讨、自由发表意见，教师也可以通过这一过程了解学生学习心态与思路；课下，学生可以共同完成分组作业，培养自身的交际能力与合作能力。

3. 智能化陪伴练习

人工智能和机器人技术的快速发展，使得过去遥不可及的高科技产品渐渐融入日常生活，除了家庭扫地机器人、智能音箱等，越来越多的智能陪伴机器人出现在人们的视野中。

（1）人工智能陪伴学习的作用

①智能侦测学习盲点。"题海战术"是学生最常选择的查漏补缺方式，学习者往往需要做大量的练习，教师才可以发现学生知识欠缺的地方。然而盲目学习的结果往往是浪费时间、事倍功半。人工智能学伴可以为学生精细化匹配学习资源，指导或帮助他们减少重复学习的时间，提高学习效率。对教师来说，人工智能学伴拥有了学生全套的学习轨迹数据，在提供教学服务时，效率也会提高很多。

②兴趣驱动，引导学习。自主学习过程比较枯燥，自控能力弱的学生很容易中途放弃。人工智能学伴要根据学生的学习兴趣和知识掌握水平，为其提供文本、视频、音频等个性化学习资源，并根据学生学习进展自动调节难度和深度。人工智能学伴在学生完成学习任务时为其点赞，未完成时给予监督鼓励，让学生感受到人文关怀，从而积极、主动地去完成学习任务，不需要在教师的监督下被动地学习。自主学习过程树立了学生的主体地位，学生自己制订学习目标和学习进程，独立开展学习活动，学习效果更好。

③实时交互，启发引导。学生在学习过程中可能会产生各种各样的问题，此时，充当百科全书的学伴可以陪在学生身边，随时为学生解答问题，并且通过互动启发引导学生，让学生先自己动脑思考，给学生提供思考和想象的空间。这样的学习陪伴有助于培养学生主动思考的能力和创新能力。

④自动化测评。在学生完成教师布置的作业后，人工智能学伴能够对学生的作业进行自动批改，不仅帮助学生纠正错题，补足知识薄弱环节，还能发现学生的闪光点，充分发挥学生的优势，激发其学习兴趣。

（2）人工智能学伴要培养学生的各种能力

在知识信息快速更迭的时代，如果学生仅仅是"等靠要"的被动学习，那么其终将会被社会淘汰。在将要到来的人工智能时代，教育阶段与工作阶段的区分将会消失，自主学习将取代传统的被动式学习。

人工智能学伴要指导学生进行自主学习，帮助学生掌握自主学习方法，因为"授人以渔"远比"授人以鱼"更重要。学生在学习过程中应以自主学习为主，教师指导为辅。传统教学中教师就是权威，学生总认为教师很厉害，等待教师将所有知识教给自己。这种想法是错误的，教师也不是万能的。学生要敢于创新，拥有能超过教师的信念，主动去研究、探索。人工智能学伴可从以下三个方面指导学习者。

①帮助学生确立独特的学习方向和目标。人工智能时代，仅靠背诵和反复练习就可以掌握的知识价值有限。学习方向要指向那些重复性的工作所不能替代的领域，包括创新能力、情感交流能力、艺术品味、审美能力等。这些传统教学有时会忽略的，正是人工智能学伴所擅长的。人工智能学伴要从生活角度出发，培养学生的分析问题能力、决策能力和创新能力，这些能力在未来社会是最不容易"过时"的。

②培养学生人机协作思维方式。未来是人机协作的时代，一些工作可能会由机器所替代，一些工作可能由人机协作才会取得最佳效果。未来人也可以向机器学习，从人工智能的计算结果中吸取有助于改进人类思维方式的模型、思路甚至基本逻辑。事实上，围棋职业高手已经在虚心向 AlphaGo Zero 学习更高明的定式和招法了，因为有时 AlphaGo Zero 走的步子人类从来没有见过。向机器学习，在学习的基础上消化吸收，进而创造性地提出新的想法。学生从小与人工智能学伴一起学习、成长，可以在潜移默化中学到机器的思维方式，掌握人机协作的技巧。

③培养学生的合作能力。很多人常常认为一个聪明人想出一个好创意就叫创新，其实，以创新为导向的自主学习不是闭门造车，那些单打独斗的人往往不容易获得成功。当下的创新更多的是具有不同专长的人团队合作的结果。人工智能学伴要培养学生的合作能力，在与学习伙伴合作学习的过程中，学生的沟通能力、分析问题能力等都将得到提升。

4. 智能引导深度学习

建设终身学习型社会已是国际教育的重要发展方向，培养学生的深度学习能力已经成为重要的时代命题。当前，深度学习在教学领域已经表现出常态化趋势，而在人工智能领域，机器深度学习被认为是人工智能取得突破性进展的"功臣"，成为近年来的热门话题。因此，笔者尝试对技术行业与教育行业的深度学习进行解读，分析人工智能时代下，深度学习的发展策略。

（1）技术领域的深度学习

能体现人类智能的一个重要指标就是"学习"，而机器学习作为通过机器模拟实现人类学习行为的技术，是发展人工智能的重要途径。机器学习可分为符号学习、人工神经网络、知识发现和数据挖掘等，目前应用较多的是人工神经网络。深度学习是机器学习新的研究领域，其因人工神经网络的隐层数量多而得名，它是机器学习得以实现的有效技术支持。

深度学习主要是模拟人脑的分层抽象机制，通过人工神经网络模拟人类大脑的学习过程，从而实现对真实世界大量数据的抽象表征。简单来说，通过深度学习，机器能够自己从大数据中寻找特征、抽象类别或特征、总结模型。与深度学习相对应的是机器的浅层学习。浅层学习是指在仅含1~2个隐层的人工神经网络中的机器学习。毫无疑问的是，当前人类的神经网络要比机器的神经网络复杂许多，隐层数量也大得多。因此，人类具有进行较为深度学习的条件，这也是培养"智慧人"的基础。机器进行深度学习的最终目标是达到人工智能，进而帮助人类解决现实生活中的难题。由此可知，从教与学的角度衡量，计算机教学人工智能提醒人类进行这样的反思：既然人可以教会机器进行深度学习，那么在教学中机器为什么不能教会学生进行深度学习？

（2）教育领域的深度学习

"如何促进深度学习？"成为当今教育学者研究的核心内容。人工智能的发展使得教育人工智能可以更深入地理解学习是如何发生的，是如何受到外界各种因素影响的，进而为学生深度学习创造条件。

（3）人工智能时代深度学习的发展策略

传统的智能导师系统大多是针对某个具体研究领域的学习需求制定的，而这些学习系统常作为学校教育的补充，未能对学生的学习产生较大影响。伴随着人工智能的发展，人们对人工智能技术变革计算机教学抱有较大期望，希望人工智能技术不仅能促进学生学习具体的、结构化的知识和技能，更要帮助学生获得解决复杂问题、批判性思维、深度学习等高阶能力。人工智能技术的发展，已为学生从"浅层学习"转入"深度学习"提供了支持。总体来说，计算机教学人工智能可从以下两个方面来促进学生的深度学习。

①深度思考是深度学习的基础。"问题通向理解之门"，深度学习是学生内在学习动机指引的积极学习。在深度学习过程中，问题的建构至关重要。因为解决问题的过程就伴随着"提出问题""发现问题"，而传统计算机教学常常忽视这一过程。深度学习的基础是能够以恰当的方式提出有价值的问题。

问题要从生活中来，到生活中去，如手机是如何实现人脸解锁的、电商平台如何推荐商品、机器如何翻译不同语言等问题。计算机教学不仅要教会学生如何回答问题，更要教会学生从计算机视角出发发现身边的问题，尤其要培养学生面向未来提问的习惯和能力。

②科学分析定制学习内容。学习内容是教与学活动过程中的关键因素之一。未来，教师有望借助人工智能在合适的时间、合适的地点为学生呈现合适的学习内容。人工智能教学平台可根据学生的性别、兴趣爱好及知识能力水平等，推送符合学生认知水平的学习资料。先由教学者人工设置深度学习预警标准，再由机器根据学生的学习行为通过数据追踪判断学习者对当前学习内容是否感兴趣，并与教学者设定的深度学习标准进行比较，进而判断其是否转入进一步的深度学习和扩展性学习。通过人与机器的合作，教师为学生有效开展深度学习提供合适的学习内容，促进学生进行更加深入的思考。

参考文献

［1］ 冯翔宇，庞美严，李彦. 计算机教育教学的发展研究［M］. 长春：吉林出版集团股份有限公司，2023.

［2］ 李宝珠. 信息技术时代高校计算机教学模式构建与创新［M］. 长春：吉林出版集团股份有限公司，2022.

［3］ 林祥国，计惠玲，张在职. 人工智能与计算机教学研究［M］. 北京：中国商务出版社，2022.

［4］ 李占宣，郑秋菊，王晓. 主体参与教学研究：以计算机教学为视角［M］. 北京：光明日报出版社，2021.

［5］ 王爱清. 分组协作式学习在中职计算机教学中的应用探讨［J］. 学周刊，2024（32），25-27.

［6］ 段海涛. 现代教育技术在高校计算机教学中的应用分析［J］. 信息系统工程，2024（9）：165-168.

［7］ 苏兴龙. 高校计算机教学中现代教育技术的应用分析［J］. 办公自动化，2024，29（18）：87-89.

［8］ 顾崇林，孙在省，赵芥，等. PBL教学模式在高校计算机系统课程教学中的应用［J］. 中国多媒体与网络教学学报（上旬刊），2024（9）：208-211.

［9］ 顾岑，陈云亮，张良波. "三全育人"理念下高校计算机专业课程思政教学探索［J］. 大学，2024（24）：112-115.

［10］ 李南. 高校计算机教学中现代教育技术的应用分析［J］. 数字通信世界，2024（8）：232-234.

［11］ 杨毅，矫宜霖. 基于计算机辅助设计的工业设计专业课程教学改革探索［J］. 装备制造技术，2024（8）：80-82.

［12］ 胡萍. 高校计算机教学中学生创新能力的培养策略［J］. 吉林农业科技学院学报，2024，33（4）：90-93.

［13］ 邹小花，王青松．基于产教融合的应用型本科高校计算机文化基础教学研究与实践［J］．电脑知识与技术，2024，20（23）：174-177.

［14］ 周阳．新时代背景下高校计算机教学中现代技术的应用研究［J］．信息系统工程，2024（8）：67-70.

［15］ 王健．"以赛促教"模式下的高校计算机职业教育教学策略探讨［J］．家电维修，2024（8）：34-36.

［16］ 段红叶．探究信息技术在高校计算机图形图像教学中的运用［J］．中国信息化，2024（7）：87-88.

［17］ 任珂．"网络教学平台＋对分课堂"教学模式在高校计算机类课程中的应用研究［J］．中国新通信，2024，26（14）：68-70.

［18］ 王庆志．"互联网＋"教育背景下高校智慧课堂教学模式研究［J］．科教导刊，2024（20）：28-30.

［19］ 宋荣杰，孙健敏，杨沛．基于 OBE 理念的高校混合教学模式及有效性研究：以计算机公共课教学为例［J］．大学，2024（20）：90-93.

［20］ 刘晋豪．地方高校应用型课程教学改革与实践：以《单片机原理及应用》课程为例［J］．才智，2024（20）：77-80.

［21］ 关雪梅，田国刚．应用型高校计算机实践类课程逐层递推式教学研究［J］．办公自动化，2024，29（13）：33-35.

［22］ 陈华．信息化视域下高校计算机教学改革探析［J］．教育教学论坛，2024（25）：73-76.

［23］ 胡菲．互联网背景下高校教学管理信息化的发展路径［J］．办公自动化，2024，29（12）：20-22.

［24］ 梁海华，盘丽娜，蒋庆丰，等．基于学生知识建构的地方高校计算机网络教学探索［J］．计算机教育，2024（6）：210-215.

［25］ 刘琼．民办高校计算机类本科"3+1"应用型人才培养模式探索［J］．信息与电脑（理论版），2024，36（11）：43-45.

［26］ 万宝平．大数据可视化在高校计算机教学中的应用研究［J］．电脑知识与技术，2024，20（15）：61-63.

［27］ 谢妙，吕洁，熊春荣．基于应用型人才培养的地方高校计算机类专业教学改革与实践［J］．电脑知识与技术，2024，20（15）：159-161.

［28］ 李艳红．高校计算机专业线上线下混合式教学模式探讨［J］．公关世界，2024（9）：120-122.

［29］ 徐华丽. 虚拟现实技术在高校教学中的应用实践研究［J］. 国家通用语言文字教学与研究，2024（5）：7-9.

［30］ 冯秀萍. 基于人工智能的高校计算机专业教学辅助系统设计与研究［J］. 信息与电脑（理论版），2024，36（9）：55-57.

［31］ 李成渊，洪轲. OBE 理念赋能高校"三全育人"之路径探索：以计算机应用技术类教学为例［J］. 电脑知识与技术，2024，20（11）：143-145.

［32］ 荆蕾，张小峰，邱秀芹，等. 面向专业核心能力培养的应用型高校计算机专业建设［J］. 计算机教育，2024（4）：85-90.

［33］ 赵安学，展金梅，蔡坤琪. 大数据视角下高校计算机类在线课程设计思路探讨［J］. 中国教育技术装备，2024（7）：48-51.

［34］ 吕军. 基于"信创"人才培养的应用型高校计算机网络课程教学改革与实践［J］. 吕梁教育学院学报，2024，41（1）：70-72.

［35］ 陈艳，赵翠荣. 以就业为导向的高校计算机教学模式优化办法研究［J］. 普洱学院学报，2024，40（1）：135-137.

后 记

随着信息时代的到来，高校计算机教学正面临着前所未有的机遇与挑战。信息技术的迅猛发展不仅改变了人们的生活方式，更在深层次上重塑了教育的形态与内涵。本书正是在这样的背景下应运而生的，试图通过对高校计算机教学的全面剖析与深入探讨，为新时代的教育改革与发展贡献一份力量。

回顾本书的撰写过程，笔者深感高校计算机教学研究的复杂性与多样性。从教学理念的更新到教学方法的创新，从课程体系的构建到实践教学的实施，每一个环节都需要以严谨的态度和具有前瞻性的视野去审视与思考。在撰写本书的过程中，笔者广泛汲取了国内外计算机教学的先进经验，结合我国高校的实际情况，提出了一系列具有针对性和可操作性的教学改革建议。

然而，教学是一个永无止境的过程，改革也是一个不断探索的旅程。随着技术的不断进步和社会的不断发展，高校计算机教学将面临更多新的挑战和问题。笔者希望本书能够成为一个新起点、新契机，激发更多教育工作者对高校计算机教学的关注与思考，共同推动计算机教育的创新与发展。

在未来的日子里，笔者期待更多的教育工作者投身于高校计算机教学改革的实践，用智慧和汗水书写新时代高校计算机教学的新篇章，同时也期待本书能够成为广大师生的良师益友，为他们的学习与成长提供有益的参考和借鉴。

郭晓宇

2024 年 10 月